服装材料

FUZHUANG CAILIAO

主 编 沈雁
副主编 黄英 陈月慧

纺织服装『十三五』部委级规划教材

U0163303

东华大学出版社

内 容 简 介

　　本书主要内容分基础篇和运用篇，其中基础篇包括纺织纤维、纱线、织物三个项目，运用篇包括裙裤装面料运用、衬衫面料运用、外套面料运用、辅料运用、服装洗护与保管五个项目。除了介绍服装材料的基础知识和基本理论之外，重点介绍常见服装款式的面料选择与运用，力求使理论知识浅显生动，能够指导学生实践操作。

　　本书编写以适应中专、中职层次的服装教学需要为准则，内容以实用、够用为原则，文字力求简练精准，图片丰富且有代表性，版面设计严谨，适用于服装专业教学及服装专业人士阅读。

图书在版编目(CIP)数据

　　服装材料 / 沈雁主编. —上海：东华大学出版社，2020.1
　　ISBN 978-7-5669-1680-8

　　Ⅰ.①服…　Ⅱ.①沈…　Ⅲ.①服装－材料　Ⅳ.
①TS941.15

　　中国版本图书馆 CIP 数据核字(2019)第 268668 号

责任编辑：张　静
封面设计：艾　婧

出　　　　版：东华大学出版社出版(上海市延安西路 1882 号,200051)
本 社 网 址：http://dhupress.dhu.edu.cn
天猫旗舰店：http://dhdx.tmall.com
营 销 中 心：021-62193056　62373056　62379558
印　　　　刷：上海盛通时代印刷有限公司
开　　　　本：787 mm×1092 mm　1/16
印　　　　张：13
字　　　　数：400 千字
版　　　　次：2020 年 1 月第 1 版
印　　　　次：2023 年 2 月第 2 次印刷
书　　　　号：ISBN 978-7-5669-1680-8
定　　　　价：49.00 元

中职服装专业系列教材编委会

序

为进一步贯彻落实教育部中职服装类专业《服装设计与工艺》《服装制作与生产管理》《服装表演》三个教学标准，促进中职服装专业教学的发展，教育部全国纺织服装职业教育教学指导委员会中等职业教育服装专业教学指导委员会和东华大学出版社共同发起，组织中职服装类三个专业教学标准制定单位的专家以及国内有一定影响力的中职学校服装骨干专业教师编写了中职服装类专业系列教材。

本系列教材的编写立足于服装类三个专业《服装设计与工艺》《服装制作与生产管理》《服装表演》的教学标准，在贯彻各专业的人才培养规格、职业素养、专业知识与技能的同时，更注重从中职学校教学和学生特点出发，贴近实际，更充分渗透当今服装行业的发展趋势等内容。

本系列教材编写以专业技能方向课程和专业核心课程为着力点，充分体现"做中学，学中乐"和"工作过程导向"的设计思路，围绕课程的核心技能，让学生在专业活动中学习知识，分析问题，增强课程与职业岗位能力要求的相关性，以提高学生的学习积极性和主动性。

在本系列教材的编写过程中，得到了中国纺织服装教育学会、教育部全国纺织服装职业教育教学指导委员会中等职业教育服装专业教学指导委员会、东华大学、东华大学出版社等领导的关心和指导，更得到了杭州市服装职业高级中学、烟台经济学校、江苏省南通中等专业学校、上海群益职业学校、北京国际职业教育学校、合肥工业学校、广州纺织服装职业学校、四川省服装艺术学校、浙江省绍兴市柯桥区职业教育中心、长春第一中等学校等学校的服装专业骨干教师积极参与。在此，致以诚挚的谢意。

相信经过大家的共同努力，本系列教材一定会成为既符合当前职业教育人才培养模式又体现中职服装专业特色，在国内具有一定影响力的中职服装类专业教材。

编写内容中不足之处在所难免，希望在使用过程中，提出宝贵意见，以便于今后修订、完善。

编 写 分 工

　　全书由浙江省绍兴市柯桥区职业教育中心沈雁担任主编,四川省服装艺术学校黄英、浙江省绍兴市柯桥区职业教育中心陈月慧担任副主编,沈雁负责统稿,柯桥区职业教育中心陈梅琴负责审稿与校对。其中:基础篇由陈月慧、江苏省南通中等专业学校侯亚云编写;运用篇项目一、三、五由沈雁编写,项目二、四由黄英编写。本书在编写过程中得到了浙江省绍兴市柯桥区职业教育中心、四川省服装艺术学校、江苏省南通中等专业学校等单位领导的大力支持,在此表示感谢。

目　　录

基　础　篇

运 用 篇

绪论 服装与服装材料的关系

一、服装与服装材料的概念

服装指的是人们身上穿的各种衣服。在现代社会中,衣服不但能起到防身遮羞、防寒保暖的作用,更能体现穿着者的兴趣爱好、个人品位和社会身份。

服装材料是指构成服装的所有材料,具体指服装面料和服装辅料。服装面料是构成服装的主体材料,以块状材料为主。服装辅料是起辅助性作用的材料,如里料、绳、线、带、松紧带、拉链、铆钉、纽扣、缝纫线、花边、胆料等,其取材范围非常广泛,主要有纺织制品、金属、塑料、羽绒、泡沫、橡胶、贝壳等。

二、服装性能与服装材料

服装性能多种多样,常见的有保暖性能、吸湿性能、透气性能、舒适性能、弹性、防霉菌性能、耐虫蛀性能、抗起毛起球性能等,属特殊要求的有抗静电性能、阻燃性能、化学稳定性能、防弹性能、防辐射性能、防紫外线性能、抗菌性能等。不同季节、不同品类、不同工作环境等对服装材料的性能要求不同。

夏季服装的服装材料要有吸湿透气的性能,如轻薄的丝绸、凉爽的麻布、柔软的棉布和人造棉成为夏季服装的首选面料。冬季的服装材料要有防寒保暖的性能,如厚实的呢绒、蓬松的绒类面料或羽绒等在冬季大受欢迎。

外衣面料通常要求有良好的弹性和抗皱性,因此羊毛类面料被大量使用。内衣面料通常要求有良好的亲肤性、舒适的透气性以及抗菌性能,因此有抑菌作用的竹纤维、柔软环保的天丝等新型纤维被大量使用。

由于怕被紫外线晒伤晒黑,人们会撑起带有反光涂层的防紫外线伞,或穿防晒外套。准妈妈们为了未来宝宝的健康,面对电脑时会穿上防辐射背心。消防员们从事较为危险的职业,消防服是消防员的生命保障线,必须具有良好的阻燃和隔热功能。宇航员服装是最特殊的服装之一,在外太空的恶劣环境中,要维持宇航员必需的生命循环系统,离不开一件功能全面的宇航服。

三、服装设计与服装材料

由不同纤维的纱线织成的面料给人不同的感觉,如棉纤维的天然朴素与亲和感,麻纤维的粗犷休闲而带有浓浓的怀旧感,丝纤维的华丽明亮及高贵精致感,以及毛纤维的温暖挺括稳重感。由不同粗细的纱线以及不同的织物组织和织物密度等织成的面料,同样能给人带来不同的感觉,如粗特纱的温暖、细特纱的细腻,强捻纱的挺爽、弱捻纱的柔软,以及平纹织物的平整坚牢、缎纹织物的亮丽光泽等。即使颜色相同,由不同的纤维材料织成的面料,给人的感受也是不同的。

只有通过刻苦的学习和认真的体会领悟,才能真正掌握各种服装材料的内在性能,从而通过款式设计,使服装材料发挥出最大优点。

四、服装制板与服装材料

面料的厚度、松紧度、悬垂性、弹性等与服装制板密切相关。在款式相同的情况下,使用厚型的、疏松型的面料,其吃势量略大,缝份也略大,以防止裁片边缘纱线脱散。柔软轻薄型面料的抽褶量可略大,而厚重硬挺型面料往往不采用细褶形式,多采用有规则的褶裥。悬垂性好的面料更适合表现波浪的圆滑美好,挺括的面料更适合表现气氛的庄重严肃。

五、服装裁剪与服装材料

服装裁剪前要检验面料的色差、疵点等,还要检测面料的缩率、密度、有效幅宽、质量等,排料前要看准面料的正反、倒顺和丝绺,铺料前要考虑面料的厚度和耐热性。尤其开裁前要非常慎重,因为对于规模化的企业而言,如果裁剪环节出现问题,影响的将是成百上千件服装。

六、服装缝制与服装材料

服装缝制时,缝纫机针、缝纫线、针距密度、压脚轻重、送料牙种类与高度等,都应在专业技术人员的考虑范围内。例如轻薄的面料要用针号略小的机针,以防止成衣上有明显的孔洞。针织类、紧密的卡其类面料要使用圆形针尖,以防止断纱。厚实的面料不能用细的机针,以防止断针。

七、服装熨烫与服装材料

不同的服装材料,熨烫温度、熨烫时间、熨烫方法各不相同。例如呢绒类服装熨烫时要注意去湿冷却,天然纤维类服装洗涤后需熨烫才能保持平整状态;柞蚕丝织物不能喷水熨烫,否则会出现明显水渍;混纺织物的熨烫温度应根据耐热性差的纤维而定;丝绒类面料不能直接压烫,否则绒毛倒伏之后很难还原。

总之,服装材料是呈现服装设计意图的展示媒介,也是服装使用价值的功能基础。设计师对服装材料的运用,直接决定着服装产品的质量、档次和价值。在服装设计、制作过程中,合理选择服装材料,是一项重要的工作。款式与材料的恰当搭配,能够使服装设计效果得到充分的呈现,反之,不恰当的服装材料会破坏精妙的设计。随着现代科技的发展,服装材料的更新非常迅速。层出不穷的新型纤维,推动了服装的更新与发展,充分满足了人们日益增长的生活需求。

基础篇

　　服装材料包括服装面料和辅料，其中服装面料是构成服装的主体。服装面料主要由纺织纤维构成的纱线织造而成，了解并掌握纺织纤维、纱线和织物的种类、结构、性能与用途，可以更合理地选择服装面料，使服装的设计、生产、使用和保养更加科学。

项目一 纺织纤维

服装面料是由纺织纤维织造而成的。了解并掌握纺织纤维的种类、结构、性能及其对服装外观和品质的影响,可以根据纺织纤维的性能合理选择服装面料,使服装设计、生产、使用和保养更加科学。

任务一 纺织纤维的分类

任务导入

纤维指直径为几微米到几十微米,而长度比直径大百倍、千倍以上的天然或人工形成的细长物质。在现代生活中,纤维的应用很广,但并不是所有的纤维都能称作纺织纤维。纺织纤维是长度达到数十毫米以上,具有一定的强度、一定的可挠曲性和互相纠缠抱合性能及其他服用性能且可以生产纺织制品的物质。

任务实施

一、按来源分类

纺织纤维按来源可以分为天然纤维和化学纤维两大类,见表 1-1-1。

表 1-1-1 纺织纤维分类

纺织纤维	天然纤维	植物纤维	棉、彩棉等
			亚麻、黄麻、洋麻、大麻、罗布麻等
		动物纤维	羊毛、羊绒、兔毛、兔绒、驼绒、羊驼毛等
			桑蚕丝、柞蚕丝等
		矿物纤维	石棉纤维等
	化学纤维	再生纤维	再生纤维素纤维 黏胶纤维、铜氨纤维、醋酯纤维、富强纤维、莫代尔纤维等
			再生蛋白质纤维 大豆蛋白纤维、牛奶纤维等
		合成纤维	涤纶、锦纶、腈纶、氨纶、丙纶等

（一）天然纤维

天然纤维是从自然界存在的或经人工培植的植物、人工饲养的动物直接取得的纤维，可分为植物纤维、动物纤维和矿物纤维。

（二）化学纤维

化学纤维是用天然或人工合成的高分子化合物为原料，经过化学方法和机械加工制成的纤维，可分为再生纤维和合成纤维。

1. 再生纤维

用纤维素、蛋白质等天然高分子物质为原料，经化学加工、纺丝和后处理而制得的纤维，有再生纤维素纤维与再生蛋白质纤维之分。

2. 合成纤维

用人工合成的高分子化合物为原料，经纺丝加工制得的纤维。

二、按纤维长度分类

纺织纤维按长度可分为长丝和短纤维两大类。长丝是指长度超过几十米或上百米的纤维。短纤维是指长度较短，一般为十几毫米至几十厘米的纤维。

天然纤维中，棉、麻、毛属于短纤维，蚕丝是唯一的长丝。

化学纤维可根据需要加工成长丝和短纤维。

化学长丝可分为单丝、复丝、捻丝等。单丝指长度很长的连续单根纤维，复丝由两根或两根以上的单丝并合在一起而形成。

化学短纤维是化学纤维在纺丝后加工根据纺纱要求切断成各种长度规格的纤维，可制成棉型、毛型和中长型化纤。

 知识链接

常见纤维的英文见表1-1-2。

表 1-1-2　常见纤维的英文

纤维名称	英文	纤维名称	英文
棉	Cotton	羊毛	Wool
苎麻	Ramie	羊绒	Cashmere
亚麻	Linen	蚕丝	Silk
黏胶纤维	Viscose	涤纶	Polyester
人造棉	Rayon	锦纶	Nylon
铜氨纤维	Cuprammonuium	腈纶	Acrylic
莫代尔	Modal	氨纶	Spandex

▍任务评价

你是否达到本阶段的学习目标？达到了就美美地给自己画个"☺"，基本达到画"☺"，没有达到画"☺",继续努力吧!

序号	任务目标	是否达到
1	了解纺织纤维来源分类	
2	了解纺织纤维长度分类	
3	熟记棉和氨纶的英文	

自我综合评价:

思考与练习

1. 名词解释:

   纤维 化学纤维 再生纤维 合成纤维

2. 列举四种天然纤维。

任务二 纺织纤维的结构和性能

任务导入

纺织纤维具有许多优良性能,但不同纤维的性能存在明显的差异,其中一个很重要的因素就是它们的结构不同,而结构决定其性能。

任务实施

一、结构

所谓结构是指纤维中大分子的化学组成、大分子在空间的几何排列位置及尺寸,包括纤维的大分子结构、聚集态结构和形态结构。

(一)大分子结构

组成纤维的基本单元是高聚物大分子。高聚物大分子是由许多相同或相似的原子团以共价键相互结合而形成的物质。这些相同或相似的原子团称为大分子的基本链节(或叫作单基或基本单元)。纺织纤维的基本链节随纤维品种不同而异。构成大分子的基本链节的数目称为聚合度。一般来说,大分子聚合度高的纤维,拉伸强度较高,伸长变形较小。

(二)聚集态结构

纤维的性质与纤维的聚集态结构有着密切关系。在纤维中,一部分大分子链段集结在某些区域并呈现伸直、有规则且整齐排列的状态,称为结晶态。纤维中呈结晶态的区域叫作结晶区。在结晶区内,由于大分子排列比较整齐、密实,缝隙和孔洞较少,大分子之间互相接近的基团的结合力达到饱和,因而纤维吸湿较困难,强度较高,变形较小。在结晶区以外,另一部分大分子链段并不伸直,而是随机弯曲着,排列成无规则的状态,称为无定形态。纤维中呈无定形态的区域叫作无定形区。在无定形区内,大分子排列比较紊乱,堆砌比较疏松,有较多的缝隙和孔洞,密度较低,纤维易于吸湿、染色,并表现出强度低而变形大的特点。

在整根纤维中,结晶区与无定形区交叉相间排列,一根纤维大分子链可以贯穿许多结晶区和无定形区。纤维中结晶区所占的比例称为结晶度,它是指纤维中结晶区的质量(体积)占纤维总质量(体积)的百分数。结晶度高的纤维具有吸湿少、强度高、变形小的特点。

(三) 形态结构

形态结构是指在光学显微镜下能直接观察到的外观形态,如纤维的纵向形态、截面形状、截面结构及纤维中的微孔和裂缝等。如纤维的纵向形态,有的呈鳞片状或竹节状或有沟槽,还有的呈平滑状;再如纤维截面形状,有的呈圆形,有的呈腰圆形或三角形,还有的呈中空形等。纤维的形态结构因纤维品种不同而异,对纤维的力学性质、光泽、手感、吸湿性、保暖性等均有影响,同时可用于鉴别纤维。

二、主要性能

(一) 吸湿性

吸湿性是指纺织材料在空气中吸收或放出水汽的能力。衡量纺织材料吸湿性的指标有:

1. 回潮率

纺织材料的湿重与干重之差对干重的百分率。

2. 含水率

纺织材料的湿重与干重之差对湿重的百分率。

纺织材料的含湿量会影响纺织材料的质量和性能等,而纺织材料的含湿量受到大气压、温度和湿度等大气条件的影响。为了计重和核价等需要,有关部门对纺织材料的回潮率做了统一规定。

 知识链接

标准回潮率与公定回潮率

(1)标准回潮率 各种纺织材料的回潮率随环境温湿度变化而变化。为了比较各种纺织材料的吸湿能力,将其放在统一的标准大气条件下一定时间,使它们的回潮率达到一个稳定值,称为标准状态下的回潮率,即标准回潮率。一般规定的标准大气条件是温度 20 ℃、相对湿度 65%。关于标准状态的规定,国际上是一致的,但各国允许的误差略有不同。

(2)公定回潮率 在贸易和成本核算中,纺织材料并不处于标准状态。即使在标准状态下,同一种纤维材料的实际回潮率还与纤维本身的质量和所含杂质有关。为了计重与核价需要,必须对各种纤维材料及其制品的回潮率做统一规定,称为公定回潮率。公定回潮率接近标准状态下的实际回潮率,但不是标准大气中的回潮率。

(二) 长度

长度是衡量纺织纤维长短程度的指标。纺织纤维的长度是指纤维在伸直(不拉伸)状态下测量的两端之间的距离。长丝的长度法定计量单位是米(m),短纤维则常用毫米(mm)。

纤维的长度对纱线和织物的外观、强度和手感等都有影响。一般来说,纤维越长,所制成的纱线和织物品质越优。

(三) 强度

衡量纺织材料强弱程度的指标常用强力和强度。

1. 强力

将材料拉伸到断裂时所能承受的最大拉伸力称为拉伸断裂强力,简称强力。强力的法定计量单位为牛(N),纺织材料常用厘牛(cN)。

2. 强度

强力对材料截面积之比称为拉伸断裂强度,简称强度。强度的法定计量单位为 N/m^2,纺织材料常用 N/mm^2。

(四) 变形与弹性

纺织材料是柔性材料,易变形。衡量纺织材料变形能力及变形回复能力的指标有:

1. 断裂伸长率

纺织材料被拉伸到断裂时的伸长量对原长度的百分率。

2. 弹性回复率

纺织材料受拉伸变形而伸长(未断裂),除去外力后,因弹性而自然回缩所产生的回缩量对伸长量的百分率。

任务评价

你是否达到本阶段的学习目标?达到了就美美地给自己画个"☺",基本达到画"☺",没有达到画"☹",继续努力吧!

序号	任务目标	是否达到
1	了解纺织纤维的形态结构	
2	了解纺织材料的回潮率	
3	熟记纺织材料的吸湿性	

自我综合评价:

‖思考与练习‖

1. 名词解释：

回潮率　公定回潮率　吸湿性　断裂伸长率

任务三　常用天然纤维

任务导入

常用的天然纤维有棉、麻、羊毛、蚕丝等,它们有吸湿性和透气性好等优点。

任务实施

一、棉

棉纤维是棉花(图1-1-1)的种子纤维。从棉田中采摘得到的是籽棉,它由棉纤维与棉籽组成。籽棉(图1-1-2)经轧棉后得到棉纤维。

图1-1-1　棉花

图1-1-2　籽棉

(一) 分类

棉纤维按品种分主要有长绒棉、细绒棉两大类。

1. 细绒棉

又称陆地棉,纤维长度和细度中等,色洁白,带有丝光。我国种植的棉花大多为细绒棉。

2. 长绒棉

又称海岛棉,纤维特长,细而柔软,色乳白,富有光泽,品质优良,是生产高档织物或特种工业用纱的原料,在我国新疆等地区有种植。

(二) 组成与结构

棉纤维的主要组成物质是纤维素,其含量在 95% 以上,此外还有蜡质、脂肪、糖分、灰分等纤维素伴生物。正常成熟的棉纤维,纵向具有天然转曲,即棉纤维纵向呈不规则的且沿纤维长度方向不断转向的螺旋转曲,这是棉纤维特有的。棉纤维的横截面呈不规则的腰圆形,有中腔(图 1-1-3)。

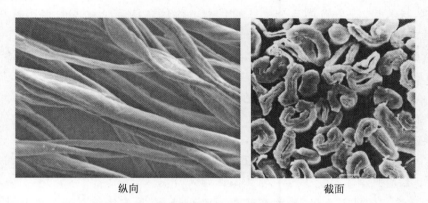

纵向   截面

图 1-1-3　棉纤维的纵向和截面形态

(三) 主要性能

1. 密度

棉纤维的密度为 $1.54\ \text{g/cm}^3$,在常用纤维中属于偏重。

2. 强伸性

棉纤维的强度较高,吸湿后强度稍有上升。棉纤维的断裂伸长率较低,弹性模量较高。棉纤维的弹性较差。

3. 吸湿性

棉纤维分子上有较多的亲水基团羟基(—OH),且棉纤维有中腔,又有很多空隙,因此吸湿性较强,其公定回潮率为 8.5%。因而,棉质服装吸湿、透气,无闷热感,也无静电现象,具有优良的服用性能。

4. 热性能

棉纤维具有较好的耐热性。在 110 ℃以下,只会蒸发棉纤维中的水分,不会引起纤维损伤。棉纤维能短时间承受 125～150 ℃的温度,在 150 ℃时会发生轻微分解。

5. 化学性能

棉纤维比较耐碱而不耐酸。

6. 其他性能

棉纤维耐蛀但不耐霉。棉纤维不易虫蛀。但在潮湿条件下,棉纤维易受霉菌等微生物的侵害,使纤维发霉、变色,纤维表面会产生黑斑,因而棉纤维应储存在干燥的环境中。

(四) 用途

服用棉织物品种繁多、花色各异,布身柔软爽滑,穿着舒适。织物在原料使用上注重多元化。除纯棉产品外,棉纤维可与各种天然纤维、化学纤维混纺或交织,赋予产品更优良的性能。棉纤维还可以做絮料,保暖性好。

🔔 知识链接

认识新疆棉、埃及棉、匹马棉

新疆棉、埃及棉、匹马棉是三个地区的代表。为什么这三个地方的棉花特别有名呢?主要是因为各地的气候不同,棉的品质与气候有非常大的关系。

(1)新疆棉 新疆棉的产区在新疆,和国内其他产区的棉相比,前者的色泽、长度、异纤、强力都是最好的。用新疆棉纺纱织布,所得面料的吸湿透气性好,光泽度高,强力更大,纱疵较少,也是目前国内纯棉面料品质的代表;同时,用新疆棉做棉花被,因纤维的蓬松性好,被子的保暖性好。

(2)埃及棉 埃及棉的产区在埃及,主要指的是长绒棉。它的特点为纤维长,抱合力强,强力大,染色效果好,是纺织工业的上等原料。埃及棉主要纺制高支纱线,用于生产高档面料,有真丝般光泽。

(3)匹马棉 又叫比马棉,主要产区在美国和秘鲁,属长绒棉系列。匹马棉的纤维更长,韧性强,细度佳,所制成的面料柔软,悬垂感更好。

二、麻

(一)种类

麻纤维是指从麻类植物中获得,可供纺织用的纤维。麻纤维的种类较多,分韧皮纤维和叶纤维两大类。韧皮纤维是从植物茎部的韧皮中取得的纤维,主要有苎麻、亚麻、黄麻、大麻等。其中,苎麻(图1-1-4)和亚麻(图1-1-5)的品质较优,是纺织用的主要麻纤维。叶纤维是从植物的叶脉上提取出来的纤维,如剑麻、蕉麻等。叶纤维的质地粗硬,所以不宜作为服用纺织品的原料,但其韧性大,耐水性强,可制作缆绳、粗麻袋等。另外,麻织物的吸湿、透气性好,它们是理想的食品包装用材料。

图1-1-4 苎麻　　　　　　　图1-1-5 亚麻

(二) 组成与结构

麻纤维的主要组成物质是纤维素,还含有半纤维素、木质素、果胶、水溶性物质、脂蜡质、灰分等物质。麻纤维的结晶度和取向度很高,故纤维的强度高而伸长小,柔软性差,一般硬而脆。

1. 苎麻纤维的形态结构

苎麻纤维的纵向呈扁平带状,表面较为平滑,有明显的纵向条纹,两侧有结节,纤维两端呈厚壁钝圆;横截面呈椭圆形或腰圆形,有中腔,胞壁有裂纹(图 1-1-6)。

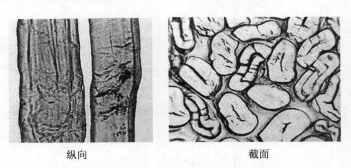

纵向　　　　　　　　　　　　截面

图 1-1-6　苎麻纤维的纵向和截面形态

2. 亚麻纤维的形态结构

亚麻纤维的纵向中段粗、两端细,呈纺锤形;横截面呈多角形(图 1-1-7)。

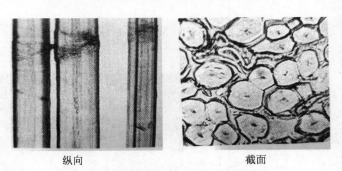

纵向　　　　　　　　　　　　截面

图 1-1-7　苎麻纤维的纵向和截面形态

(三) 主要性能

1. 密度

麻纤维的密度与棉纤维接近。

2. 强伸性

麻纤维是天然纤维中强度最大、伸长最小的纤维。吸湿后纤维强力增加,一般湿强较干强高 20%～30%。麻纤维的断裂伸长率较小。麻纤维的弹性与延伸性均较差,因而麻纱线及织物易皱。

3. 吸湿性

麻纤维的吸湿能力较强,散湿速度快,透气性好,不容易产生静电。它的公定回潮率约为 12%,所以其织品在夏季穿着凉爽舒适。

4. 刚柔性

麻纤维的刚性是常见纤维中最大的。纤维刚柔性除了与纤维品种、生长条件有关外,还与脱胶程度和工艺纤维的细度有关。纤维刚性强,不仅手感粗硬,也会导致纤维不易捻合,影响可纺性,成纱毛羽多。因此,纯麻织物常有刺痒感。但刚性强使麻织物吸汗后不易沾身。

5. 化学性能

麻纤维与棉纤维一样,较耐碱而不耐酸。

6. 色泽特征

纤维的色泽是衡量纤维品质的重要指标之一。苎麻纤维较其他麻类纤维有很好的光泽,一般呈青白色或黄白色。亚麻纤维的色泽一般以银白色、淡黄色和灰色为最佳。

7. 其他性能

麻纤维的耐日光性和电绝缘性好,但苎麻和亚麻的耐热性不及棉纤维。

(四) 用途

麻纤维具有干爽、舒适、抗菌、自然、古朴等特点,适合作为夏季服装原料。麻纤维可纯纺,也可与棉、丝、毛或化学纤维混纺。麻纤维大多粗细不匀,因此麻纱条干粗细不匀,手感硬挺,其制品有挺爽、粗细不匀的纹理特征。

三、羊毛

天然动物毛的种类很多,有绵羊毛、山羊绒、马海毛、兔毛、驼毛及牦牛毛等。其中以绵羊毛数量为最多。绵羊毛简称羊毛。这里主要介绍绵羊毛。

(一) 产地

澳大利亚、新西兰、阿根廷、南非和我国是世界上的主要产毛国。澳大利亚是美利奴羊毛最重要的生产出口国。美利奴羊毛是从美利奴羊(图 1-1-8)身上取得的毛纤维,通常被认为是羊毛中的极品,纤维卷曲、轻盈、柔软而富有弹性。美利奴羊毛的纺纱性能优良,可纺支数高,手感柔软而有弹性,适宜制作优良的精纺织物。新疆、内蒙古、青海等是我国的羊毛主要产地。

图 1-1-8 美利奴羊

(二) 组成与结构

羊毛纤维属于天然蛋白质纤维,它的主要组成物质是角阮蛋白质,由多种 α-氨基酸缩聚而形成。

一根完整的羊毛包括毛干、毛根和毛尖三部分。它一般呈现为由根部至尖部逐渐变细、具有螺旋卷曲的形状(图 1-1-9)。

羊毛纤维从外到内可分为三层:包覆在毛干外部的鳞片层;组成羊毛实体主要部分的皮质层;由毛干中心不透明的毛髓组成的髓质层。髓质层只存在于较粗的纤维中,细羊毛无髓质层。

羊毛纤维具有天然卷曲,表面由鳞片覆盖(图 1-1-10);截面形态因细度不同而变化,一般细羊毛截面接近圆形,粗羊毛截面呈椭圆形。

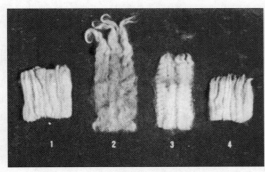

图 1-1-9　羊毛的卷曲

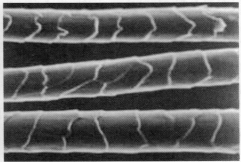

图 1-1-10　羊毛鳞片

(三) 主要性能

1. 密度

羊毛纤维的密度为 1.32 g/cm^3。

2. 强伸性

羊毛纤维的拉伸强度是天然纤维中最低的,断裂伸长率高,具有优良的弹性回复能力。因此,羊毛织物的耐用性较好,抗皱性佳。

3. 吸湿性

羊毛纤维的吸湿性很好,其公定回潮率可达 15%。

4. 缩绒性

缩绒性是指羊毛在湿热条件和化学试剂的作用下,受到机械外力的挤压揉搓,纤维集合体逐渐收缩紧密并且相互穿插纠缠、交编毡化的性能。羊毛针织物和粗纺毛织物等纱线结构较松的毛织物,在服用过程中容易产生毡缩。粗纺毛织物通常利用羊毛纤维的这一特性进行缩绒处理,使绒面紧密、丰厚,提高保暖效果。普通的毛织物不宜用洗衣机洗涤,应干洗,或在水温较低情况下轻柔手洗。市场上标有"可机洗"的羊毛内衣或外衣,通常经过防毡缩处理,因此可用洗衣机水洗。

5. 化学性能

羊毛耐酸而不耐碱,对氧化剂很敏感,洗涤时宜选择中性或弱酸性洗涤剂。

6. 耐热性

羊毛纤维的耐热性较差。在 100~105 ℃ 的干热条件下,羊毛纤维内的水分蒸发后,便开始泛黄、发硬;当温度升高到 120~130 ℃ 时,羊毛纤维开始分解,并放出刺激性的气味,强力明显下降。因此,整烫羊毛织物时,不能干烫,应喷水湿烫或垫上湿布进行熨烫。熨烫温度一般在 160～180 ℃。

7. 热塑性

羊毛纤维的热塑性(热稳定性)较好。羊毛纤维在一定的温湿度和外力作用下,经过一定时间,形状会稳定下来。它是天然纤维中热定形性最好的纤维。

8. 其他性能

羊毛纤维不易产生静电,但耐磨性较差。羊毛纤维的耐光性较差,因此晾晒毛织物应在阴凉通风处。羊毛纤维容易虫蛀,也易霉变。

(四)用途

羊毛具有弹性大、保暖性强、吸湿性好等许多优良的特性,是高级的纺织原料。羊毛可以纯纺,也可与其他天然或化学纤维混纺。羊毛可以织制各种织物,有手感滑爽、质地轻薄的高档精纺毛织物,有质地丰厚、手感丰满、保暖性强的冬季粗纺织物,也可以织制工业用呢绒、呢毡、毛毯、衬垫材料等。羊毛做絮料有良好的保暖性。此外,用羊毛织制的各种装饰品,如壁毯、地毯,名贵华丽。

四、其他毛纤维

(一)山羊绒

山羊绒是从山羊(图 1-1-11)身上抓剪下来的绒纤维,简称羊绒(Cashmere),我国采用其谐音"开司米";因其非常珍贵,常称为"软黄金"。山羊绒是长在山羊的外表皮层,被掩盖在粗毛根部的一层薄薄的细绒。山羊绒按其天然色泽可分为白绒、紫绒、青绒等。山羊绒由鳞片层和皮质层组成,没有髓质层。山羊绒表面由较薄的呈环状的鳞片包覆。鳞片较长,翘角较小,纤维表面比较光滑平贴;横截面多为规则的圆形,无中腔。山羊绒的强伸性、弹性比羊毛好,比羊毛细,也比羊毛轻,手感更柔软光滑,保暖性更好。山羊绒十分适合加工成手感柔软、富有弹性的针织品,也可以织制成机织物,用于制作高档服装。

图 1-1-11 山羊

(二)兔毛

兔毛有普通兔毛和安哥拉兔毛两种,以安哥拉长毛兔(图 1-1-12)所产兔毛的品质为最好。兔毛由角蛋白组成,绒毛和粗毛都有髓质层。绒毛的毛髓呈单列断续状或狭块状;粗毛的毛髓较宽,呈多列块状,含有空气。兔毛纤维细长,颜色洁白,光泽好,柔软蓬松,保暖性强,但纤维卷曲少,表面光滑,纤维之间的抱合性能差,强度较低。兔毛对酸、碱的反应与羊毛大致相

图 1-1-12 安哥拉长毛兔

同。由于鳞片少而光滑,抱合力差,兔毛织品容易掉毛。兔毛常与羊毛或其他纤维混纺,用于制作兔羊毛衫、兔毛大衣呢等。

(三) 骆驼毛

骆驼毛由粗毛和绒毛组成,是一种比较理想的保暖材料,有质轻、易洗涤、保暖性好、价格比羽绒便宜等优点。驼毛多用作衬垫;驼绒的强度大,光泽好,御寒保温性能很好,适宜织制高档粗纺毛织物和针织物,用于制作高档服装,还可作为棉衣、棉裤的填充料或做成被子。

(四) 马海毛

马海毛指安哥拉山羊(图 1-1-13)身上的被毛,又称安哥拉山羊毛,千万不要与安哥拉兔毛混淆。美国、南非、土耳其是马海毛的主要产地,我国宁夏也有少量生产。马海毛纤维粗长,直径为 $10\sim90\ \mu m$,长度为 $200\sim250\ mm$。马海毛的形态与长羊毛相似,纤维表面光滑,光泽较强,强度高,弹性好,卷曲少,易洗涤。马海毛常与羊毛等纤维混纺,用作大衣、羊毛衫、围巾、帽子等高档服装和服饰的原料。

图 1-1-13　安哥拉山羊

图 1-1-14　羊驼

(五) 羊驼毛

羊驼(图 1-1-14)属骆驼科,主要产于秘鲁、阿根廷等地。羊驼毛粗细毛混杂,平均直径为 $22\sim30\ \mu m$,细毛长约 $50\ mm$,粗毛长达 $200\ mm$。羊驼毛与绵羊毛相似,基本组成都是蛋白质。羊驼毛的色泽主要为白色、棕色、淡黄褐色或黑色等。羊驼毛的力学性能随品种不同而差异很大,其强力和保暖性均远优于羊毛。羊驼毛具有良好的光泽、柔软性、卷曲性和防毡性。羊驼毛纤维非常独特,柔软的同时兼具保暖功效,比绵羊毛更轻。羊驼毛主要用作大衣面料的原料。

 知识链接

怎样区分羊毛和羊绒

(1) 来源不同　羊绒和羊毛长在不同种类的羊身上。羊毛来自绵羊,而羊绒来自山羊。

（2）采集方法不同　收集羊毛就像理发，用剪子全部剃光即可，每只绵羊每年可以产几公斤羊毛。羊绒长在山羊身上粗毛的根部，收集时要用特制的铁梳子，像梳头发那样，一点点地梳下来，每只山羊身上只能收获几十克。

（3）纤维细度不同　羊绒直径比羊毛细得多。

（4）鳞片形态不同　羊毛的毛鳞片是尖的，而羊绒的鳞片是圆形的。

（5）特性不同　羊绒的保暖性是羊毛的1.5～2倍，手感更柔滑。

（6）价格不同　羊绒被称为"软黄金"，指的就是其价格非常昂贵。

五、蚕丝

蚕丝是高档的纺织原料，被誉为"纤维皇后"，它是天然纤维中唯一的长丝，可直接进行织造。

（一）分类

蚕丝按饲养方式可以分为家蚕丝和野蚕丝。家蚕（图1-1-15）一般在室内饲养，以桑叶为饲料，所得的蚕丝称为桑蚕丝（图1-1-16）。桑蚕丝的质量最好，是天然丝纤维的主要来源。野蚕是在室外放养的，以在柞树上放养的柞蚕为主，所得的蚕丝称为柞蚕丝，是天然丝纤维的第二大来源。

图1-1-15　家蚕　　　　　　　图1-1-16　桑蚕丝

（二）组成与结构

蚕丝是一种天然蛋白质纤维，主要由大量的丝素和少量的丝胶组成。丝素不溶于水，丝胶可溶于水。将蚕茧抽出蚕丝的工艺称为缫丝，所制得的丝称为生丝。生丝上仍有部分丝胶。生丝经过精练、脱胶后称为熟丝。

桑蚕丝由两根呈圆钝三角形的丝素外包丝胶组成，纵向平直光滑，截面呈圆钝三角形（图1-1-17）。柞蚕丝的纵向表面有条纹，截面较桑蚕丝扁平。

（三）主要性能

1. 长度和细度

春蚕茧的茧丝一般长900～1200 m，夏秋茧的茧丝一般长650～900 m。柞蚕茧丝的平均长度为800 m，比桑蚕茧丝略粗。

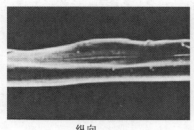 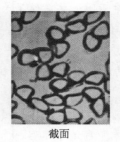

纵向   截面

图 1-1-17 桑蚕丝的纵向和截面形态

2. 强伸性

蚕丝的强伸性在天然纤维中是比较优良的,它的强度大于羊毛而接近棉纤维,伸长率小于羊毛而大于棉纤维。

3. 吸湿性

蚕丝的吸湿性较强,其公定回潮率为 11%,低于羊毛而高于棉纤维。

4. 保暖性

蚕丝的保暖性仅次于羊毛,也是较好的冬季服装面料和填充材料。

5. 耐热性

蚕丝具有较好的耐热性,比麻纤维差,但优于羊毛。

6. 耐光性

蚕丝的耐光性很差。日晒可导致蚕丝脆化、泛黄,强度下降。因此,蚕丝织物应尽量避免在日光下晾晒。

7. 触感和光泽

蚕丝纤维平滑而富有弹性,因此具有优良的触感。特别是生丝精练后既光滑柔软,又有一定的身骨,还具有其他纤维所不能比拟的优雅而美丽的光泽。丝绸因其光泽美丽而具有高雅华丽的风格。

8. 化学性能

蚕丝纤维的酸性大于碱性,是一种弱酸性物质,因而耐酸不耐碱。用有机酸处理蚕丝织物,可增加光泽,改善手感。

(四) 用途

用蚕丝织成的面料俗称丝绸,有“面料皇后”之称。常用的蚕丝面料,如电力纺、双绉、顺纡绉、乔其纱、塔夫绸、绉缎、软缎、乔其绒等,都是优良的夏季服装面料和礼服面料。此外,云锦、蜀锦、宋锦和天鹅绒等是我国传统的丝绸品种。桑蚕丝还可以用作医用缝合线、丝蛋白人工皮肤和化妆品的主要原料等。

🔊 **知识链接**

桑蚕丝和柞蚕丝的区别:

(1) 茧的颜色不同 桑蚕茧呈晶莹剔透的白色;柞蚕茧以深褐色、灰青色居多。

（2）丝的色泽不同　桑蚕丝呈天然的乳白色,光泽鲜亮;柞蚕丝呈土黄色,虽然经过漂白后可呈现白色,但是看起来没有桑蚕丝的白色那么自然。

（3）丝的长度和韧性不同　桑蚕丝和柞蚕丝都属于长丝,前者的长度大于后者。桑蚕丝具有更优越的弹力和韧性,适合手工制作;而柞蚕丝的弹力和韧性较差,比较适合机器制作。

任务评价

你是否达到本阶段的学习目标？达到了就美美地给自己画个"☺",基本达到画"☻",没有达到画"☹",继续努力吧!

序号	任务目标	是否达到
1	能说出四种常用天然纤维的名称	
2	了解棉、亚麻、羊毛、蚕丝的形态结构	
3	熟记棉纤维的吸湿性能	

自我综合评价:

任务拓展

收集下列纺织纤维,并按要求贴样。

纤维名称	棉	亚麻	苎麻	羊毛	蚕丝
小样粘贴处					

思考与练习

1. 列举两种天然纤维素纤维。
2. 列举两种天然蛋白质纤维。
3. 简述正常成熟的棉纤维的形态结构和主要性能。
4. 简述毛纤维的特性。

任务四　常用化学纤维

任务导入

化学纤维经过多年的发展,其总产量已大大超过天然纤维。化学纤维可分为再生纤维和合成纤维。常用的再生纤维以再生纤维素纤维为主。再生纤维素纤维主要有黏胶纤维、铜氨纤维等。服装上常用的合成纤维有涤纶、锦纶、腈纶、丙纶、氨纶等。

化学纤维的长短、粗细、白度、光泽等性质可以在生产过程中加以调节。

化学纤维的商品名称，国内一般把合成短纤维命名为"纶"（如锦纶、涤纶），纤维素短纤维命名为"纤"（如黏纤、铜氨纤），长丝则在末尾加"丝"字。

任务实施

一、黏胶纤维

（一）概述

将天然纤维素经碱化形成碱纤维素，其与二硫化碳作用生成纤维素黄酸酯，再溶解于稀碱液得到的黏稠溶液，称为黏胶。黏胶经湿法纺丝和一系列处理工序后制成黏胶纤维。黏胶纤维按性能可分为普通黏胶纤维、高湿模量黏胶纤维和高强力黏胶纤维等品种。普通黏胶纤维可分为长丝和短纤维两种。黏胶长丝又称人造丝，按光泽分为有光、无光和半光等品种。黏胶短纤维有棉型、毛型和中长型之分。棉型黏胶纤维俗称人造棉，常用于仿棉或与棉及其他棉型合成纤维混纺；毛型黏胶纤维常用于与毛及其他毛型合成纤维混纺；中长型黏胶纤维大多与中长型涤纶混纺。

（二）组成与结构

黏胶纤维的化学组成主要是纤维素，属于再生纤维素纤维。大分子结晶度较低，约30％，比棉低。普通黏胶纤维的纵向平直有沟槽，截面呈锯齿形，有皮芯结构（图1-1-18）。

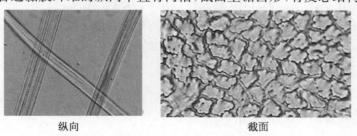

纵向　　　　　　　　　　　　截面

图1-1-18　黏胶纤维的纵向和截面形态

（三）主要性能

1. 密度

黏胶纤维的密度约为 1.50 g/cm^3，在常用纤维中属于较重的。

2. 强伸性

普通黏胶纤维的强度较棉纤维小，湿强仅为干强的40％～60％；断裂伸长率为10％～30％，湿态时伸长更大；湿模量较棉纤维低，弹性回复能力差，尺寸稳定性差，耐磨性也差。

3. 吸湿性

黏胶纤维的结构松散，分子上亲水基团较多，是常见化学纤维中吸湿能力最强的纤维，其公定回潮率约为13％，故其面料穿着凉爽舒适，不易产生静电。

4. 热性能

黏胶纤维的耐热性比棉纤维差,熨烫温度也低于棉纤维,一般为 120～160 ℃。

5. 化学性能

黏胶纤维耐碱而不耐酸,但耐碱性不如棉纤维,一般不进行丝光处理。

6. 染色性

黏胶纤维的染色性能好,色谱全,色泽鲜艳,色牢度高。

7. 其他性能

黏胶纤维在高温高湿条件下容易发霉变质,保养时应注意。

(四) 用途

黏胶纤维是一种应用十分广泛的化学纤维。短纤维可以纯纺,也可以与其他纺织纤维混纺,适宜制作内衣、外衣和各种装饰用品。长丝具有真丝般光泽,除了用于织造服装面料外,还可用于织造被面和其他装饰织物。

二、铜氨纤维

(一) 概述

铜氨纤维也是一种再生纤维素纤维。将棉短绒等天然纤维素溶解在氢氧化铜溶液或碱性铜盐的浓氨溶液中形成纺丝液,再进行纺丝和后加工制成铜氨纤维。

(二) 组成与结构

铜氨纤维的化学组成与棉纤维、黏胶纤维的基本组成相同,大分子的聚合度与黏胶纤维接近,大分子的结晶度较黏胶纤维高,因此结构较黏胶纤维紧密,使其强力较黏胶纤维高。铜氨纤维纵向平直光滑,截面为圆形,无皮芯结构。

(三) 主要性能

1. 密度

铜氨纤维的密度与黏胶纤维相同。

2. 强伸性

铜氨纤维的干强与黏胶纤维的干强相近,但湿强高于黏胶纤维,耐磨性也优于黏胶纤维。

3. 吸湿性

铜氨纤维的吸湿能力与黏胶纤维相近,其公定回潮率为 12％～13％,与蚕丝接近,吸湿放湿性良好,穿着舒适不闷热。

4. 热性能

铜氨纤维的耐热性和热稳定性较好。

5. 化学性能

铜氨纤维的化学稳定性与黏胶纤维相同。铜氨纤维一般不溶解于有机溶剂。

6. 染色性

铜氨纤维的染色性很好,色泽鲜艳,色谱齐全,色牢度高,上染率好,不易褪色。用于黏胶纤维的染料同样可用于铜氨纤维。

7. 其他性能

因铜氨纤维的吸湿能力很强,其比电阻较低,抗静电性能很好。铜氨纤维的耐光性与棉纤维和黏胶纤维相近。

(四)用途

铜氨纤维的单纤比黏胶纤维更细,其产品的服用性能极佳,性能近似于丝绸,悬垂感非常好,手感柔软,光泽柔和,符合环保服饰潮流。特别适用于与羊毛、合成纤维混纺或纯纺,织制高档织物,用于制作高档内衣及丝织女装衬衣、风衣、裤子、外套等。

三、醋酯纤维

(一)概述

醋酯纤维是利用天然纤维素原料,经乙酰化处理,使纤维上的羟基与醋酐作用,再经一系列化学加工而制成的纤维,有二醋酯纤维和三醋酯纤维之分。

(二)组成与结构

醋酯纤维也是一种再生纤维素纤维,其大分子结晶度、取向度低,结构较为松散。醋酯纤维的截面呈多瓣形、片状或耳状,无皮芯结构。

(三)主要性能

1. 密度

醋酯纤维的密度小于黏胶纤维,二醋酯纤维为 1.32 g/cm^3,三醋酯纤维约为 1.30 g/cm^3。

2. 强伸性

与黏胶纤维相比,醋酯纤维的强度偏低,断裂伸长率较大。

3. 吸湿性

醋酯纤维的吸湿能力比黏胶纤维差,在标准大气条件下,二醋酯纤维的回潮率为 6.5% 左右,三醋酯纤维的为 4.5% 左右。

4. 热性能

醋酯纤维的耐热性差,高温下容易熔化,尤其是二醋酯纤维,熨烫温度应控制在 $110\sim130$ ℃。

5. 化学性能

醋酯纤维对稀酸、稀碱有一定的抵抗力,但对浓碱较为敏感。

6. 染色性

醋酯纤维的染色性能较醋酯纤维差。通常可用分散染料染色,上色性能较好,优于其他纤维素纤维,色彩鲜艳。

7. 其他性能

醋酯纤维的外观、光泽、手感与桑蚕丝相似。

（四）用途

醋酯纤维吸湿透气，易洗易干，不霉不蛀，贴肤舒适，手感柔软，适用于制作女装面料、衬里料及贴身女衣裤等。

四、涤纶

（一）概述

涤纶是合成纤维中一个重要品种的商品名，其化学名为聚对苯二甲酸乙二酯纤维，是聚酯类纤维中产量最高、用途最广的一种。

涤纶纤维品种多，按长度分有长丝（图 1-1-19）和短纤维（图 1-1-20）两种；按光泽分有光、半光、无光等。

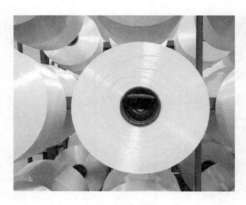

图 1-1-19　涤纶长丝　　　　　图 1-1-20　涤纶短纤维

（二）组成与结构

涤纶纤维的化学组成为聚对苯二甲酸乙二酯。大分子的结晶度为 $50\%\sim60\%$，取向度较高，取向度取决于初加工的拉伸倍数。普通涤纶的纵向平直光滑，截面一般为圆形。

（三）主要性能

1. 密度

涤纶的密度约为 $1.39\ \mathrm{g/cm^3}$。

2. 力学性质

涤纶的拉伸断裂强力和拉伸断裂伸长率高。涤纶在小负荷下的抗变形能力很强，即初始模量很高。涤纶的弹性优良，在 10% 定伸长时弹性回复率可达 90% 以上，仅次于锦纶。因此，涤纶织物的尺寸稳定性较好，织物挺括抗皱，保形性好。涤纶的耐磨性仅次于锦纶。涤纶短纤维织物容易起球且不易脱落。

3. 吸湿性

涤纶分子上无亲水基团，故吸湿能力很差，其公定回潮率约为 0.4%。

4. 染色性

涤纶的染色性较差,染料分子难于进入纤维内部。多采用分散染料进行高温高压染色。

5. 化学性能

涤纶纤维对一般化学试剂较稳定,但不耐浓碱的高温处理。

6. 热学性质

涤纶有很好的耐热性和热稳定性。涤纶织物遇火易产生熔孔。

7. 电学性质

因为涤纶的回潮率低,比电阻很高,导电能力差,易产生静电,这导致其纺织加工难度较大;同时由于静电电荷积累,易吸附灰尘等。

8. 光学性质

涤纶有优良的耐光性,仅次于腈纶。

(四) 用途

涤纶纤维用途广泛。涤纶短纤维可以纯纺,也可与棉、麻、毛或其他化学纤维混纺,还可用作絮料。涤纶长丝可以制成仿丝、仿麻织物,也广泛用于制作轮胎帘子线、工业绳索、传动带、滤布、绝缘材料、船帆、帐篷布等工业制品。随着新技术、新工艺的不断出现和应用,对普通涤纶进行改性得到了抗静电涤纶、抗起毛起球涤纶、阳离子可染涤纶等。涤纶因其产量高、应用广,可称为当今化学纤维之首。

五、锦纶

(一) 概述

锦纶俗称尼龙,其化学名为聚酰胺纤维。凡分子主链上含有酰氨基(—CONH—)的合成纤维,统称为聚酰胺纤维。常用的有聚酰胺 6 和聚酰胺 66,国内的商品名为锦纶 6 和锦纶 66。

(二) 形态结构

锦纶的形态结构与普通涤纶相似,纵向平直光滑,截面形态因喷丝孔形状不同而不同。

(三) 主要性能

1. 密度

锦纶的密度小于涤纶,约为 1.14 g/cm^3。

2. 力学性质

锦纶的强力、耐磨性好,居所有纤维之首。由锦纶制成的服装都经久耐穿,不易磨损。锦纶在小负荷下易产生变形,初始模量小,因此织物的手感柔软,但保形性差,制成的服装外观不够挺括。

3. 吸湿性

锦纶的吸湿性是合成纤维中较好的,其公定回潮率为 4.5%。

4. 染色性

锦纶的染色性较好,色谱较全。

5. 化学性能

锦纶的耐碱性较好,但耐酸性较差,对无机酸的抵抗力很差。

6. 热学性质

耐热性差,随温度升高,强力下降。锦纶 6 的安全使用温度为 93 ℃以下,锦纶 66 的安全使用温度为 130 ℃以下。

7. 电学性质

锦纶具有一定的吸湿能力,其静电现象不明显。

8. 光学性质

锦纶的耐光性差,在长期光照下,强度降低,色泽发黄。

(四) 用途

锦纶是合成纤维中工业化生产最早的品种。近年来,虽然涤纶的发展已超过锦纶,但锦纶仍是合成纤维的主要品种之一。锦纶以长丝为主,民用方面可用于制作袜子、服装面料及牙刷鬃丝等,工业方面可用于制作轮胎帘子线、绳索、渔网等,国防方面主要用于织制降落伞等。锦纶短纤维可与棉、毛及黏胶纤维混纺。

六、腈纶

(一) 概述

腈纶是采用丙烯腈(含量在 85% 以上)与第二、第三单体的共聚物,经过湿法纺丝或干法纺丝制得的合成纤维。其化学名是聚丙烯腈纤维,腈纶为国内的商品名,以短纤维为主。因为腈纶纤维的性能酷似羊毛,所以有"人造羊毛"之称。

(二) 形态结构

腈纶的纵向平直光滑或有 1～2 根沟槽,截面多为圆形或哑铃形。

(三) 主要性能

1. 密度

腈纶的密度与锦纶接近。

2. 力学性质

腈纶的强度较涤纶、锦纶低,断裂伸长率与涤纶、锦纶相近。弹性较差,在重复拉伸下弹性回复能力较差。

3. 吸湿性

腈纶的吸湿能力较涤纶好,但较锦纶差,其公定回潮率为 2% 左右。

4. 染色性

染色性能较好,色泽鲜艳。

5. 化学性能

腈纶耐弱酸、弱碱,浓硫酸、浓硝酸、浓磷酸等会使其溶解,浓碱、热稀碱会使其变黄,热浓碱能立即使其破坏。

6. 热学性质

腈纶的耐热性次于涤纶,但优于锦纶。具有良好的热弹性,利用这一性能可以加工膨体纱。

7. 电学性质

腈纶较一般纤维易产生静电。

8. 光学性质

腈纶是常见纤维中耐光性能最好的。腈纶经日晒 1 000 h,强度损失不超过 20%。

(四) 用途

腈纶具有柔软、蓬松、色泽鲜艳等特点,其耐光性能、抗菌能力和防虫蛀性也特别突出。腈纶短纤维可纯纺或与羊毛、棉和其他化学纤维混纺,还可制成膨体毛条或与黏胶纤维、羊毛混纺,得到各种规格的中粗绒线和细绒线。

七、丙纶

(一) 概述

丙纶纤维的化学名为聚丙烯纤维,有长丝和短纤维两种形态。

(二) 形态结构

丙纶纤维的纵向光滑平直,截面为圆形。

(三) 主要性能

1. 密度

丙纶的密度约为 0.91 g/cm³,是常见纺织纤维中密度最小的。

2. 力学性能

丙纶纤维的强度、弹性和耐磨性都比较好,织物不易起皱,尺寸较稳定。

3. 吸湿性

丙纶不吸湿,公定回潮率为 0,故在使用过程中容易产生静电。

4. 染色性

丙纶纤维染色困难,一般采用原液着色纺丝。

5. 化学性能

丙纶具有较稳定的化学性质,对酸碱的抵抗能力较强,有良好的耐腐蚀性。

6. 热性能

丙纶的耐热性较差,在 100 ℃以上开始收缩,水洗、干洗时温度不能过高。它的导热系数较小,因而保暖性较好,可做絮料。

7. 耐光性

丙纶纤维的耐光性非常差,在常用纤维中是最差的。

(四) 用途

丙纶纤维因轻量、保暖等优点,用途越来越广。丙纶短纤维广泛应用于服装、汽车内饰、地毯、壁毯、装饰用布、各类无纺布、土工布等领域。丙纶长丝是泳装、滑雪衣、运动内衣及潜水衣的最佳原料。此外,丙纶膜纤维可用作包装材料。

八、氨纶

(一)概述

氨纶是一种聚氨酯类纤维,其化学名为聚氨基甲酸酯纤维。氨纶为我国的商品名,国外称斯潘达克斯(Spandex)、莱卡(Lycra)。因为氨纶的特殊结构,具有特别优异的弹性,被称为弹性纤维。

(二)形态结构

氨纶的纵向表面平滑,截面呈圆形或豆形。

(三)主要性能

1. 密度

氨纶的密度较一般纤维小,其密度为 $1.0 \sim 1.3 \text{ g/cm}^3$。

2. 力学性能

氨纶的强度为橡胶丝的 $2 \sim 3$ 倍,断裂伸长率为 $480\% \sim 800\%$,弹性回复率为 $95\% \sim 98\%$,纤维的耐磨性优良。

3. 吸湿性

氨纶的吸湿能力较差,公定回潮率为 1% 左右。

4. 染色性

用于合成纤维和天然纤维的大多数染料和整理剂,也适用于氨纶的染整加工。

5. 化学性能

氨纶有较好的化学稳定性,但其耐碱性稍差。

6. 热学性质

氨纶的耐热性差,在 $95 \sim 150 \text{ ℃}$ 时纤维不会损伤,超过 150 ℃ 纤维会变黄、发黏,强度下降。

7. 光学性质

氨纶有较好的耐日晒性能,与涤纶相似,在日光照射下,强度几乎不下降。

(四)用途

氨纶在服装面料上大量应用,用于织制弹力织物,多数用于以氨纶为芯的包芯纱,或与其他纤维合并加捻制成的加捻丝,主要用于各种针织物、机织弹性织物等,氨纶裸丝用于织造针织罗口等。

任务评价

你是否达到本阶段的学习目标?达到了就美美地给自己画个"☺",基本达到画"☺",没有达到画"☹",继续努力吧!

序号	任务目标	是否达到
1	能说出三种再生纤维的名称	
2	能说出四种合成纤维的名称	
3	能熟记常用化学纤维的主要特性	

自我综合评价：

任务拓展

收集下列纺织纤维，并按要求贴样。

纤维名称	黏胶短纤维	涤纶长丝	锦纶	腈纶	氨纶
小样粘贴处					

思考与练习

1. 列举两种再生纤维素纤维。
2. 列举四种合成纤维。
3. 简述黏胶纤维的形态结构和主要性能。
4. 简述涤纶纤维的形态结构和主要性能。
5. 简述锦纶、腈纶和氨纶的主要特点。

任务五　新型纤维

任务导入

前面所介绍的纺织纤维属于大宗、普通的纤维。本书把除此以外的纤维称为新型纤维，包括新型天然纤维、新型再生纤维、差别化纤维和功能型纤维。

任务实施

一、新型天然纤维

随着人们对休闲、舒适、纯天然、安全等方面的重视，以及对环境的关注，造就了一些新型天然纤维的开发和利用。

(一) 彩棉

天然色棉是采用现代生物技术培育出来的,在棉花吐絮时纤维就具有天然色彩,简称彩棉。我国已培育出浅蓝色、粉红色、淡黄色、浅褐色等颜色品种,较成熟的主要有棕色和绿色(图1-1-21)两大色系。彩棉加工无需人工着色、漂白、染整等传统工艺处理,其产品中不含甲醛、偶氮、重金属等外来有害物质,有利于人体健康,是绿色环保原料,适合于制作成人内衣和婴幼儿服装等。

图 1-1-21　彩棉(棕棉+绿棉)

(二) 汉麻

汉麻又名线麻、寒麻、火麻等。汉麻纤维是一种生态环保、可再生的多用途纤维,经过脱胶、抽丝等工序,其外形近似白花花的棉絮,既可毛纺又可棉纺,还可混纺。其面料除具有天然抗菌、屏蔽紫外线辐射、吸湿排汗、柔软舒适、护肤保洁、吸附异味和耐磨等性能外,还具有尊贵高雅、朴实无华、自然实用等风格。如汉麻与毛混纺的织物可防虫蛀,汉麻鞋袜能防治脚气,汉麻内衣不会出现汗斑、产生异味等。因此,汉麻面料日渐成为军用服装、高档服饰的原料。

(三) 拉细羊毛

为了适应春夏服装轻薄化、高档化的要求,将普通羊毛拉细所得到的羊毛称为拉细羊毛。拉细羊毛的细度基本能达到羊绒的平均细度,长度约为原来的 1.2~1.4 倍,纤维的强力和伸长率降低。拉细羊毛风格独特,兼有蚕丝和羊绒的优良特性。拉细羊毛可用于加工轻薄、呢面细腻、手感柔糯的羊毛面料。

二、新型再生纤维

(一) 莱赛尔纤维

莱赛尔(Lyocell)纤维是一种新型的再生纤维素纤维,由荷兰 Akozo 公司研究成功,由英国考陶尔(Courtaulds)公司和奥地利兰精(Lenzing)公司实现工业化生产。现在市面上比较流行的 Lyocell 纤维品牌有两种:英国考陶尔公司生产的 Lyocell 纤维的商品名称为 Tencel,中文名为"天丝";奥地利兰精公司生产的 Lyocell 纤维的商品名称为 Lenzing Lyocell。这两个品牌中,Tencel 在中国市场占有极大份额,成为全球最有名的 Lyocell 纤维的品牌名称。

Lyocell 纤维以树木等为原料,以 N-甲基吗啉-N-氧化物(NMMO)为溶剂,再经纺丝制得的再生纤维素纤维,其废弃物可自然降解,在生产过程中,溶剂可 99.5% 回收再利用,毒性极低,不污染环境,被誉为"绿色纤维"。

Lyocell 纤维的主要组成与棉和黏胶纤维一样,即纤维素。它的相对分子质量和结晶度均介于棉和黏胶纤维之间。Lyocell 纤维的纵向平直光滑,截面呈圆形或近圆形。

Lyocell 纤维具天然纤维和合成纤维的多种优良性能,强度高,透湿性、透气性好。可纯纺或与棉、麻、丝、毛及化学纤维混纺。其织物富有光泽,手感柔软光滑,悬垂性优良,透气性良好,穿着舒适。Lyocel 纤维可通过机织和针织工艺织造出不同风格的纯纺织物或混纺织物,可用于制作高档牛仔服、女式内衣、时装及男式高级衬衣、休闲服和便装等。

(二) 莫代尔纤维

莫代尔(Modal)纤维是奥地利兰精公司生产的新型高湿模量纤维素纤维,它以欧洲的榉木为原料,将其制成木浆,再经过专门的纺丝工艺制作而成,在纤维的整个生产过程中没有污染,被称为绿色纤维。莫代尔纤维分子的聚合度高于普通黏胶纤维,低于 Lyocell 纤维;纤维纵向表面有一两根沟槽,截面不规则,类似腰圆形,有皮芯结构。莫代尔纤维性能优于棉和黏胶纤维,干强接近涤纶,湿强比普通黏胶纤维提高许多,光泽、柔软性、吸湿性、染色牢度均优于纯棉产品。可纯纺也可与毛、棉、麻、丝、涤纶等混纺,可生产各类内衣、浴巾、床上用品、时装面料等。莫代尔纤维的新品种有 Modal 抗菌纤维、Modal 抗紫外线纤维、超细 Modal 纤维等,应用这些纤维已生产出针织内衣、童装、衬衫,还推出了功能性服装。

(三) 竹纤维

竹纤维按照纤维制取方式不同可分为竹原纤维和竹浆纤维两类。在我国,竹原纤维被称为原生竹纤维或天然竹纤维;竹浆纤维被称为再生竹纤维。竹原纤维是利用天然的竹子材料,通过机械、物理方法和生物技术去除竹子中的木质素、竹粉、果胶等杂质,从竹子材料中直接分离出来的纤维,在加工过程中保留了竹子原有的天然特性;竹浆纤维属于人造纤维中的再生纤维素纤维,和普通黏胶纤维的制备方法相似,采用化学加工方法,把竹子精制成符合纤维生产要求的浆粕,再经溶解、纺丝而制成。竹纤维的化学组成是竹纤维素。竹原纤维的纵向有横节与细状沟纹,截面呈不规则的椭圆形、腰圆形等,内有中腔,边缘有裂纹,与苎麻纤维很相似;竹浆纤维的纵向平直,表面有沟槽,截面与普通黏胶纤维一致,呈多边形不规则状,边缘呈锯齿形。

竹纤维具有优良的吸湿、放湿、透气、抗菌和生物降解等性能,其织物适合制作夏季服装、贴身内衣、运动服、毛巾、床上用品等与人体肌肤亲密接触的纺织品,穿着凉爽舒适。目前竹浆纤维既可纯纺又可混纺,制成的纱线主要用于加工针织面料、机织面料及巾被等家纺产品。

(四) 大豆蛋白纤维

大豆蛋白纤维是一种再生植物蛋白纤维,它以大豆豆粕为原料,利用生物工程技术,制成一定浓度的蛋白质纺丝液,再经湿法纺丝而制成。大豆蛋白纤维呈淡黄色,纵向表面有沟槽,截面呈扁平状哑铃形或腰圆形,中间有细微孔隙,有明显的皮芯结构。它的强度高,优于羊毛、蚕丝和黏胶纤维。初始模量和吸湿性都与棉纤维接近。耐热性差,在 120 ℃左右泛黄、发黏。大豆蛋白纤维具有良好的耐酸碱性,适用的染料范围较广。

大豆蛋白纤维的线密度小,密度小,手感柔软,吸湿导湿性好,其所含的蛋白质与皮肤的亲和性好,穿着舒适,主要用于针织行业的内衣和 T 恤衫生产,也可以与棉、麻、蚕丝、羊毛、羊绒等纤维混纺,加工成不同风格的面料。

三、新型合成纤维

随着消费水平的提高和现代生活方式的转变,消费者不但注重服装的风格,而且注重服装的舒适性、保健性、功能性等,对服装面料提出了更多要求。随着纺织高新技术的开发和采用,新型合成纤维品种多样且性能优良。

(一) 差别化纤维

差别化纤维是指对常规化学纤维进行物理、化学改性而生产的具有某种特性和功能的纤维,主要有以下几种:

1. 异形纤维

异形纤维是指截面呈非圆形的化学纤维,主要有变形三角形截面纤维、异形中空纤维、多五角形截面纤维、三叶形截面纤维、双十字截面纤维、扁平形截面纤维等。异形纤维通常具有光泽较好、表面积大、纤维抱合力好等优点。

2. 复合纤维

复合纤维是指在同一纤维截面上存在两种或两种以上不相混合的聚合物的纤维。这类纤维的横截面上同时含有两种或多种组分,各组分在纤维中的分布有并列型、皮芯型、海岛型、多层型和放射型等。由于构成复合纤维的各组分的性能有差异,复合纤维具有许多优良性能,可制成绒类、人造皮革等织物。

3. 超细纤维

我国纺织行业将单纤维线密度小于 0. 44 dtex(0. 4 D)的纤维称为超细纤维,将单纤维线密度大于 0. 44 dtex(0. 4 D)而小于 1. 1 dtex(1. 0 D)的纤维称为细特纤维或细旦纤维。超细纤维主要用于制作人造麂皮、仿桃皮绒和高性能清洁布等。

4. 保暖纤维

保暖方式有两种,一种是尽量保持热量不散失,另一种是用某种方法取得热量。通过纤维和纱线取得保暖效果时,与空气含有率、皮肤触感、吸湿散湿性、吸湿发热性、光吸收发热性和红外线放射性等因素有关。一般来说,纤维和纱线中含有的空气越多,保暖效果越好。主要有蓬松保暖纤维和蓄热保暖纤维两大类。保暖纤维有高中空纤维、圆形中空纤维、细特高中空纤维、异形中空纤维、高效保暖纤维、葆莱绒、三维卷曲中空纤维和蓄热保暖纤维等。保暖纤维主要应用于保暖内衣、运动服装、休闲服装、衬衫、户外运动及填充物等领域。

5. PTT 纤维

PTT 纤维是一种性能优异的聚酯类新型纤维,其化学名为聚对苯二甲酸丙二酯纤维。分子链呈特殊的 Z 字形结构,有较大的伸长和较低的模量,因而 PTT 纤维具有良好的高弹性和弹性回复率,也有柔软的手感和高蓬松性,还有优异的低温染色性及耐磨性能和环保性能等。PTT 纤维织物主要用于制作泳装、内衣、运动服和时装等。

6. T400 纤维

T400 纤维是一种 PTT/PET 并列式双组分复合弹性纤维,具有永久螺旋卷曲性和优异的蓬松性、弹性、弹性回复率、色牢度及特别柔软的手感,克服了传统弹性纤维——氨纶在耐高温、耐碱、耐氯性能方面的缺点。T400 纤维织物适用于制作休闲裤、衬衫等,具有凉爽舒适、不易缩水、耐穿、色牢度高等优点。

差别化纤维的种类很多,还有易染纤维、高吸湿性纤维、抗起球纤维、高收缩性纤维、有色纤维等。

(二) 功能纤维

功能纤维是指除一般纤维所具有的物理力学性能以外,还具有某种特殊功能的新型纤维,如纤维具有卫生保健功能(抗菌、杀螨、理疗、除异味等),防护功能(防辐射、抗静电、抗紫外线等),热湿舒适功能(吸热、放热、吸湿、放湿等)及医疗和环保功能(生物相容性、生物降解性)等。

▌任务评价

你是否达到本阶段的学习目标? 达到了就美美地给自己画个"☺",基本达到画"🙂",没有达到画"☹",继续努力吧!

序号	任务目标	是否达到
1	能说出两种新型天然纤维的名称	
2	能说出两种新型再生纤维素纤维的名称	
3	能说出两种新型合成纤维的名称	

自我综合评价:

▌思考与练习

1. 名词解释:
   差别化纤维　复合纤维
2. 简述莱赛尔纤维的化学组成和主要性能。
3. 简述异形纤维的含义和主要优点。

任务六　纤维鉴别

任务导入

纺织纤维的品种繁多,如何利用有效的方法把各种纤维区别开来? 在日常生活中,如何简单快捷地对一些常见纺织品进行纤维鉴别?

任务实施

人们所接触到的纺织材料大多为成品（面料）或半成品（纱线等），如为面料，在鉴别前应首先从面料中拆解出足量的有代表性的纱线，再将纱线退解成纤维，最后对这些纤维进行鉴别。

纺织纤维的鉴别步骤：先确定纤维的类别（纤维素纤维、蛋白质纤维、化学纤维等），后分析纤维的品种；先进行定性分析（确定品种），后进行定量分析（确定混比）。

鉴别纤维的方法很多，常用的有手感目测法、显微镜观察法、燃烧法、化学溶解法、药品着色法、熔点法、密度法、荧光法等。在纤维鉴别中，一般须将几种方法综合使用，才能得出正确结论。

一、手感目测法

手感目测法就是利用眼看手摸鉴别纤维的方法。它是鉴别纤维最简单的方法，主要根据纤维的外观形态、色泽、长短、粗细、手感、强度和含杂等情况，初步判断出纤维的种类。例如天然纤维中，棉、麻、毛是自然生长的短纤维，长度整齐度差。棉纤维常附有棉结，纤维细而短；麻纤维手感粗硬；羊毛纤维柔软，富有弹性；蚕丝纤维细而长，具有特殊的光泽；化学纤维的长度一般较整齐，光泽较强。

手感目测法虽然简便，但是需要有丰富的实践经验，很难区分化学纤维的具体品种，因而有一定局限性。

二、燃烧法

燃烧法是简单而常用的一种鉴别方法，它的基本原理是利用不同化学组成的纤维的燃烧特征不同来鉴别纤维大类。鉴别方法是用镊子夹住一小束纤维或从织物中拆出一些纱线，慢慢接近火焰，观察纤维束或纱线接近火焰、在火焰中及离开火焰时烟的颜色、燃烧的速度、燃烧时发出的气味及燃烧后的灰烬特征，判断纤维的大类。它只适用于鉴别单一组分的材料，不适用于混纺和经过阻燃等整理的材料。常见纤维的燃烧特征见表1-1-3。

表1-1-3 常见纤维的燃烧特征

纤维名称	接近火焰	在火焰中	离开火焰	燃烧时发出的气味	燃烧后的灰烬
纤维素纤维	不熔不缩	迅速燃烧	继续燃烧	烧纸味	灰白色的灰
蛋白质纤维	收缩	渐渐燃烧	不易延燃	烧毛发臭味	黑色松脆
涤纶	收缩、熔融	熔融燃烧，冒黑烟，有熔体滴落，火焰呈黄色	继续燃烧，起泡，有时自灭	特殊芳香味	黑或淡褐色的圆球
锦纶	收缩、熔融	熔融燃烧，火焰呈蓝色	能延燃	氨基味	黑褐色硬块
腈纶	收缩、微熔、发焦	熔融燃烧，火焰呈白色	继续燃烧	辛辣味	黑色硬块

三、显微镜观察法

借助显微镜观察纤维的纵向和截面形态,可以区分纤维的种类。这种方法适用于鉴别纯纺、混纺和交织产品。常见纤维的纵向和截面特征见表 1-1-4 和图 1-1-22。

表 1-1-4　常见纤维的纵向和截面形态

纤维名称	纵向	截面
棉	扁平带状,有天然扭转	腰圆形,有中腔
苎麻	横节竖纹	腰圆形,有中腔,胞壁有裂纹
亚麻	有横节竖纹	不规则多角形,有中腔
羊毛	鳞片大多呈环状或瓦状	圆形或近似圆形(或椭圆形)
蚕丝	平直	不规则三角形
黏胶纤维	平直,有多根沟槽	锯齿形,有皮芯结构
莫代尔	平直,有一两根沟槽	C 形或哑铃形
莱赛尔(天丝)	平直,无沟槽	圆形或接近圆形
涤纶、锦纶(常规)	平直光滑	圆形
腈纶	平直光滑	圆形或哑铃形

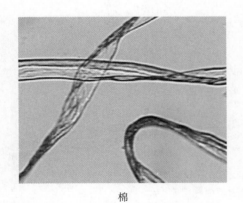

棉

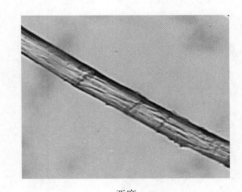

亚麻

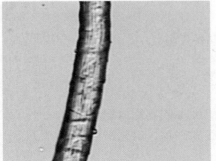

羊毛

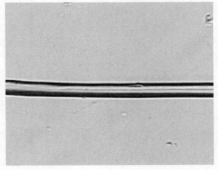

蚕丝

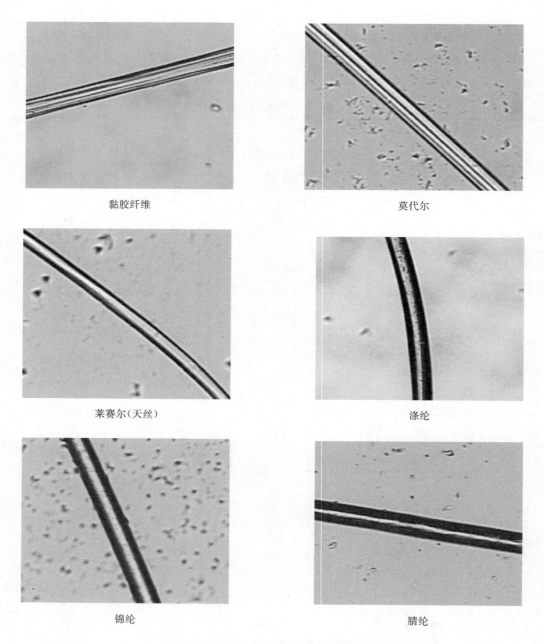

黏胶纤维　　　　　　　　莫代尔

莱赛尔(天丝)　　　　　　　滁纶

锦纶　　　　　　　　　　腈纶

图1-1-22　常见纤维的纵向形态

四、化学溶解法

化学溶解法利用各种纤维在化学溶剂中的溶解性不同鉴别纺织纤维。这种方法适用于各种纺织材料,包括经过染色和混纺的纤维、纱线和织物。用化学溶解法可以区分混纺纱线和测定混纺织物的混纺比。

例如棉、麻、黏胶等纤维素纤维和氨纶能在70%硫酸中溶解。

此外,鉴别纤维的方法还有药品着色法、红外吸收光谱法、密度梯度法、荧光法等。

任务评价

你是否达到本阶段的学习目标？达到了就美美地给自己画个"☺",基本达到画"☺",没有达到画"☹",继续努力吧!

序号	任务目标	是否达到
1	了解纺织纤维的鉴别步骤	
2	了解三种纺织纤维的鉴别方法	
3	能区分棉纤维和黏胶纤维	

自我综合评价:

思考与练习

1. 写出棉、羊毛和涤纶纤维的燃烧特征。
2. 简述如何区分棉纤维和黏胶纤维。
3. 简述如何区分涤纶长丝、蚕丝和黏胶长丝。

项目二 纱　　线

纱线是由纺织纤维组成的。纱线经织造可以形成织物。纱线种类繁多,需了解纱线的分类、纱线的细度、纱线的捻度和捻向,进而理解纱线对织物性能及织物风格的影响。

任务一　纱线的分类

任务导入

纱线为纱、线和长丝的统称,它们是由纺织纤维制成的细而柔软、具有一定物理力学性能的连续长条,通常可根据纱线所用的原料、纺纱工艺、纱线的结构和纱线的用途等进行分类。

任务实施

一、按纱线的原料分

纱线按所用原料可分为纯纺纱线和混纺纱线。

(一) 纯纺纱线

纯纺纱线是指由一种纤维纺成的纱线,前面冠以纤维名称命名,如棉纱线、毛纱线、涤纶纱线、人棉纱线等。

(二) 混纺纱线

混纺纱线是指由两种或多种不同纤维混纺制成的纱线。混纺纱线的命名规则:原料混纺比不同时,比例大的在前;混纺比相同时,则按天然纤维、合成纤维、再生纤维的顺序排列。书写时,纤维种类、比例之间用"/"隔开,如涤/棉 65/35 纱线、涤/黏 80/20 纱线、棉/亚麻 55/45 纱线等。

二、按纺纱工艺分

纱线按纺纱工艺主要分为棉纱和毛纱等。

(一) 普梳棉纱和精梳棉纱

普梳棉纱是指按一般的纺纱系统进行梳理,不经过精梳工序纺成的棉纱。粗纺纱中短纤维含量较多,纤维平行伸直度差,结构松散,毛羽多,纱支较低。此类纱多用作一般织物的原料。

精梳棉纱是指通过精梳工序纺成的棉纱,纱中纤维平行伸直度高,条干均匀、光洁,但成本较高,纱支较高。精梳棉纱主要用作高档棉织物的原料。

(二)粗纺毛纱和精纺毛纱

粗纺毛纱是以粗短的羊毛为原料,不经过精梳工序纺成的毛纱,纱线粗,用于加工粗纺毛织物,如大衣呢、粗花呢等。精纺毛纱是以较细、较长的优质羊毛为原料,经精梳纺纱系统纺成的毛纱,纱线均匀、光洁,纱线细,用于加工精纺毛织物,如毛哔叽、薄花呢等。

三、按纱线的结构和外观分

纱线按结构和外观可分为短纤维纱、长丝、花式纱线和复合纱等。

(一)短纤维纱

短纤维纱是由短纤维通过纺纱工艺加工而成的。短纤维纱按纺纱方法不同可分为环锭纺短纤维纱、新型短纤维纱。环锭纺短纤维纱是在环锭纺纱机上,采用传统的纺纱方法纺制而成的纱;新型短纤维纱是采用新型的纺纱方法(如转杯纺、喷气纺、赛络纺等)纺制而成的纱。

短纤维纱按结构和外观还可分为以下几种:

(1)单纱。由短纤维集合成条,再依靠加捻而形成的纱。

(2)股线。由两根或两根以上的单纱并合加捻而形成的线。

两根单纱并合加捻而成的称为双股线,三根单纱并合加捻而成的称为三股线。股线比单纱的强度高,粗细均匀,表面光洁。

(3)复捻股线。将两根或两根以上的股线并合加捻形成的线。

(二)长丝

长丝由很长的蚕丝或化纤长丝加工而成,化纤长丝可分为普通长丝和变形丝两大类。普通长丝有单丝、复丝、捻丝和复合捻丝等;变形丝根据变形加工方法不同,分为高弹变形丝、低弹变形丝、空气变形丝、网络丝等。

(1)单丝:由一根长丝构成。

(2)复丝:由两根或两根以上的单丝并合在一起形成。

(3)捻丝:由复丝加捻形成。

(4)复合捻丝:由两根或两根以上的捻丝并合加捻形成。

(5)变形丝:具有特殊形态的化纤长丝。化纤长丝经变形加工而具有卷曲、螺旋等外观特征,呈现蓬松性、伸缩性的长丝,如锦纶弹力丝、涤纶低弹丝、网络丝、膨体纱等。

(三)花式纱线

花式纱线是采用特殊工艺制成的,具有特种外观与色彩的纱线。花式纱线的结构主要由芯纱、固纱、饰纱三部分组成。图1-2-1所示为花式纱线结构:芯纱位于纱的中心,是构成花式纱线强力的主要部分;饰纱形成花式纱线的花式效果;固纱用于固定花型。花式纱线广泛应用于各种服装用的机织物和针织物、编结线、围巾、帽子等服饰配件及装饰织物。

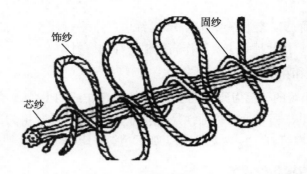

图 1-2-1　花式纱线结构

花式纱线按加工方式不同可分为四类：一是普通纺纱系统加工的花式线，如链条线、金银线、夹丝线等；二是用染色方法加工的花色纱线，如混色线、印花线、彩虹线等；三是用花式捻线机加工的花式线，如螺旋线、小辫线、圈圈线、大肚线、结子线等；四是特殊花式线，如雪尼尔线、包芯线、拉毛线、植绒线等。

（四）复合纱

复合纱是由短纤维纱与长丝通过包芯、包缠或加捻复合形成的纱，常见品种有包芯纱、包覆纱、长丝短纤复合纱等。

（1）包芯纱：由两种纤维组合而形成，通常以化纤长丝为芯，以短纤维为外包纤维，常用的长丝有涤纶、氨纶，常用的短纤维有棉、毛、腈纶。

（2）包覆纱：以长丝或短纤维纱为芯，外包另一种长丝或短纤维纱而形成。外包纱以螺旋方式对芯纱进行包覆。其特点为条干均匀，蓬松丰满，纱线光滑而毛羽少，强力高，断头少。包覆纱以弹力纱居多，适用于织造运动服和紧身衣，如游泳衣、滑雪服、女内衣等。

四、按纱线的用途分

（1）机织用纱：机织物所用的纱线，可分为经纱线和纬纱线。

（2）针织用纱：针织物所用的纱线。

（3）其他用纱：缝纫线、绣花线、编结线、杂用线。根据用途不同，对这些纱线的要求也不同。

五、按纱线的处理方式分

（1）本色纱：未经后处理的纱线。

（2）漂白纱：经漂白处理的纱线。

（3）染色纱：经染色处理的纱线。

（4）烧毛纱：经烧毛处理的纱线。

（5）丝光纱：经丝光处理的纱线。

任务评价

你是否达到本阶段的学习目标？达到了就美美地给自己画个"☺"，基本达到画"☺"，没有达到画"☹"，继续努力吧！

序号	任务目标	是否达到
1	能说出两种混纺纱线的名称	
2	能说出两种双股纱线的名称	
3	能说出两种化学长丝纱线的名称	
4	能说出一种花色纱线的名称	

自我综合评价：

任务拓展

收集下列纱线，并按要求贴样。

纱线名称	单纱	双股线	长丝	花色纱
小样粘贴处				

思考与练习

1. 名词解释：

　纱线　纯纺纱线　混纺纱线　单丝　复丝　花式纱线

2. 列举两种混纺纱线。

任务二　纱线的细度

任务导入

纱线细度是确定纱线品种与规格的主要依据，也是影响纱线和织物性能的重要因素。

任务实施 ·····························

一、纱线的细度指标

纱线的细度常用间接指标表示,利用纱线的长度与质量之间的关系表达,可分为定长制和定重制两种。定长制是指一定长度的纱线的公定质量;定重制是指一定公定质量的纱线所具有的长度。

1. 线密度

线密度指 1000 m 长的纱线在公定回潮率时的质量克数,其单位名称为"特克斯"(简称"特"),单位符号为"tex",是我国纱线细度的法定计量单位,适用于所有纱线的细度表示。有时也用分特(dtex,1 tex=10 dtex)。

2. 纤度

纤度指 9000 m 长的纱线在公定回潮率时的质量克数,其单位名称为"旦尼尔"(简称"旦"),单位符号为"D"。常用于化学长丝和天然长丝的细度表示。

线密度和纤度均为定长制指标,其数值越大,表示纱线越粗。

3. 公制支数

公制支数指在公定回潮率时质量为 1 g 的纱线所具有的长度米数,其单位名称为"公支",单位符号为"^{N}"。习惯上,在毛纺织、绢纺织、麻纺织业,纱线的细度常用公制支数表示。

4. 英制支数

英制支数指在英制公定回潮率(9.89%)时质量为 1 lb 的棉纱线所具有的长度的 840 yd 的倍数,其单位名称为"英支",单位符号为"^{S}"。英制支数常用于棉及棉型纱线的细度表示。

公制支数和英制支数为定重制指标,其数值越大,表示纱线越细。

二、股线的细度

股线的线密度大于组成股线的单纱线密度之和;股线的支数小于组成股线的单纱。

1. 组分相同的股线的线密度

股线的线密度以组成股线的单纱线密度乘合股数表示,如 2 根 14 tex 单纱合并组成的股线线密度表示为 14×2 tex。

2. 组分不同的股线的线密度

股线的线密度以组成股线的单纱的线密度相加表示,如(16+18)tex。

3. 组分相同的股线的支数

股线的支数以组成股线的单纱支数除以合股数表示,如 $60^S/3$ 表示 3 根 60^S 单纱合并组成的股线支数。

纱线的粗细直接影响织物的结构和外观等。在织物组织和织物密度相同的情况下,纱线越细,织物越稀疏、越轻薄;纱线越粗,织物越紧密、越厚重。细的纱线表面光洁、条干均匀,所织造的织物外观较细致、光洁;粗的纱线表面较蓬松,所织造的织物外观较粗犷、粗糙。

知识链接

(1)化学纤维复丝的细度的表示方法:复丝细度/单丝的根数。

例如:150 D/48 F 表示复丝纤度为 150 D,单丝根数为 48。

(2)纱线的品种代号见表 1-2-1。

表 1-2-1　纱线的品种代号

经纱线	T	纬纱线	W
绞纱线	R	筒子纱线	D
精梳纱线	J	针织用纱线	K
精梳针织用纱线	JK	起绒用纱	Q
烧毛纱线	G	经过电子清纱器的纱线	E
有光黏胶纱线	RB	气流纺纱	OE
涤棉混纺纱	T/C	棉涤混纺纱	CVC
涤黏混纺纱	T/R	纯棉纱	C

任务评价

你是否达到本阶段的学习目标? 达到了就美美地给自己画个"☺",基本达到画"☺",没有达到画"☹",继续努力吧!

序号	任务目标	是否达到
1	了解表示纱线细度的间接指标	
2	能比较纱线的粗细	

自我综合评价:

思考与练习

1. 比较纱线的粗细:

75D 与 100D　40^s 与 60^s

2. 简述纱线的粗细对织物的影响。

任务三 纱线的捻度

纱线的捻度会影响纱线和织物的外观及性能。这里介绍纱线的捻度和捻向。

纱线的一端被握持,另一端绕其轴线回转的过程,称为加捻。纱线绕本身轴线扭转一周,即加上一个"捻回"。对于短纤维纱来说,加捻是纱线获得强力的必要手段;对于长丝纱和股线来说,加捻可形成不易被横向外力破坏的紧密结构。加捻的多少(即捻度)及加捻的方向(即捻向)都会影响纱线、织物的手感和外观。

一、捻度

捻度是指纱线单位长度内的捻回数,通常以 1 m 内的捻回数表示,单位为"捻/米",符号为"T/m"。

短纤维纱的捻度有普通捻和强捻两类,长丝的捻度有弱捻、中捻和强捻三类。

纱线捻度关系到织物的强力、手感、光泽和加工性能。在临界捻度范围内,随着捻度增加,纱线强力及断裂伸长率呈增大趋势,但手感发硬,光泽较弱;捻度小,则手感柔软,光泽较佳,但强力较小。纱线捻度应根据不同的织物用途加以选择,如经纱需要具有较高的强度,捻度应大一些;纬纱及针织用纱需柔软,捻度应小一些;机织和针织起绒织物用纱,捻度应小一些,以利于起绒;薄爽的绉类织物要求具有滑、挺、爽的特点,纱的捻度应大一些。

二、捻向

捻向是指纱线加捻的方向,它根据加捻后纤维或单纱在纱线中的倾斜方向描述。如果纤维或长丝绕其轴心形成的螺旋线的倾斜方向与字母"S"的中部一致,称为 S 捻(又称顺手捻或右捻);如果纤维或长丝绕其轴心形成的螺旋线的倾斜方向与字母"Z"的中部一致,称为 Z 捻(又称反手捻或左捻)。图 1-2-2 所示为纱线的捻向。一般单纱为 Z 捻,双股线为 S 捻。

图 1-2-2　纱线的捻向

纱线捻向对织物的手感、外观等影响很大。在平纹组织织物中,当经纬纱的捻向不同时,织物表面的纤维朝一个方向倾斜,使织物光泽较好;同时,经纬纱交织点处的纤维互相交叉,使经纬纱中的纤维不相互嵌合密贴,织物显得松厚柔软。在斜纹组织织物中,采用与斜纹方向垂直的捻向的纱线,可以得到明显的斜纹效应。利用 Z 捻和 S 捻纱线相间排列,可以得到隐条、隐格效应的织物。

任务评价

你是否达到本阶段的学习目标？达到了就美美地给自己画个"☺"，基本达到画"☻"，没有达到画"☹"，继续努力吧！

序号	任务目标	是否达到
1	了解纱线的捻度	
2	了解纱线的捻向	

自我综合评价：

思考与练习

1. 简述不同织物对纱线捻度的要求。
2. 简述纱线捻向对织物外观的影响。

项目三 织 物

织物是由纺织纤维和纱线制成的、柔软而具有一定力学性质和厚度的制品,可作为服装的面料、里料和衬料等。由于织物的加工方法、纤维原料、纱线、织物组织结构和染色后整理等不同,织物呈现出不同的外观和性能。

任务一 织物的分类

任务导入

在不同场合,织物可称为布、布料或面料。织物可按不同的方法分类。

任务实施

一、按织物加工方法分

按织物加工方法可分为机织物、针织物、非织造物、编结物等。

1. 机织物

机织物是由经纱和纬纱两个系统,在织机上按照一定规律相互垂直交织而成的织物,又叫梭织物。与织物布边平行的纱线称为经纱,与织物布边垂直的纱线称为纬纱。图1-3-1所示为机织物。

图 1-3-1 机织物

图 1-3-2 针织物

2. 针织物

针织物是由纱线弯曲成圈并相互串套连接而成的织物。线圈是针织物的基本结构单元。针织物的延伸性和弹性好,手感柔软,抗皱,透气,但容易变形,保形性差。图 1-3-2 所示为针织物。

3. 非织造布

非织造布又称无纺布,是由纤维、纱线或长丝,通过机械、化学或物理的方法黏结或结合而成的薄片状或毡状结构物,但不包含机织、针织、簇绒和传统的毡制、纸制产品。非织造物的外观像纸,强度低,悬垂性差,延伸性也差。图 1-3-3 所示为非织造物。

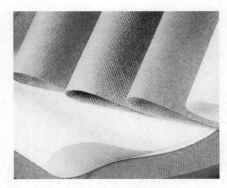

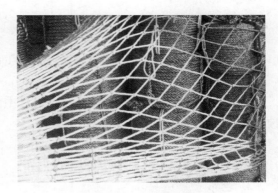

图 1-3-3 非织造物　　　　　　　　图 1-3-4 编结物

4. 编结物

编结物是以两组或两组以上的条状物,通过相互错位、卡位交织、串套、扭辫、打结方式结合在一起而形成的制品,如网、花边、窗帘装饰物等。图 1-3-4 所示为编结物。

二、按织物用途分

按织物用途可分为服装用织物、装饰用织物、产业用织物三大类。

1. 服装用织物

服装用织物包括用于制作服装的各种纺织面料和松紧带、领衬、里衬等各种纺织品,以及针织成衣、帽子、围巾、手套、袜子等。

2. 装饰用织物

装饰用织物在品种结构、织纹图案和配色等方面有突出的特点,也可以说是一种工艺美术品,可分为床上用品、毛巾、窗帘、桌布、家具布、墙布、地毯等。

3. 产业用织物

产业用织物的使用范围广,品种很多,常见的有传送带、篷布、过滤布、筛网、土工布、医药用布、宇航用布等。

三、按织物使用的原料分

按织物使用的原料可分为纯纺织物、混纺织物、交织织物三大类。

1. 纯纺织物

纯纺织物是由一种纤维纯纺的纱线织成的织物,纯棉织物、纯毛织物、纯涤纶织物等。

2. 混纺织物

混纺织物是由两种或两种以上不同纤维混纺的纱线织成的织物，如涤/棉混纺织物、毛/涤混纺织物、涤/黏/毛混纺织物等。

3. 交织织物

交织织物是经纱和纬纱采用不同纤维纺成的纱线织成的织物或以两种或两种以上不同纤维纺成的纱线并合（或间隔）织成的织物，如有光黏胶人造丝做经纱、棉纱做纬纱织成的羽纱。

四、按织物染整加工分

按织物染整加工方法可分为本色坯布、漂布、色布、印花布和色织布。

1. 本色坯布

指以未经练漂、染色的纱线织造而成且不经整理的织物，也称本白布或白坯布。此品种大多数用于印染加工。

2. 漂布

指经过练漂加工的白坯布，也称漂白布。

3. 色布

指经过染色加工的有色织物。

4. 印花布

指经过印花加工，表面有花纹图案的织物。

5. 色织布

将纱线全部或部分染色，再织成不同颜色的条、格及小提花织物。这类织物的线条、图案清晰，色彩界面分明，并富有一定的立体感。

6. 色纺布

先将部分纤维染色，将其与原色（或浅色）纤维按一定比例混纺，或将两种不同颜色的纱线混并，再织成织物。这类织物具有混色效果，常见品种有派力司、啥味呢、法兰绒等。

五、按织物规格分

1. 按织物的幅宽分

可分为带织物、窄幅织物、宽幅织物、双幅织物。

2. 按织物的厚度分

可分为轻薄型织物、中厚型织物、厚重型织物。

任务评价

你是否达到本阶段的学习目标？达到了就美美地给自己画个"☺"，基本达到画"☺"，没有达到画"☹"，继续努力吧！

序号	任务目标	是否达到
1	了解机织物与针织物的定义	
2	能区分机织物与针织物	
3	能区分染色布与印花布	

自我综合评价:

任务拓展

收集下列织物,并按要求贴样。

纱线名称	机织物	针织物	非织造布
小样粘贴处			

思考与练习

1. 名词解释:
　　机织物　针织物　纯纺织物　色织布
2. 简述织物用途的分类。

任务二　机　织　物

任务导入

　　机织物的品种繁多,其性能与纱线的原料、细度、织物组织和织物密度等密切相关。这里主要介绍机织物的度量、织物密度和简单的织物组织。

任务实施

一、机织物的度量

1. 长度

机织物的长度指织物经向两端最外边,保持整幅的纬纱之间的距离。机织物的长度常用的计量单位是米(m)或码(yd,1yd=0.914 4 m),通常还用较大的计量单位"匹"。机织物的长度一般根据织物的种类和用途确定。

2. 幅宽

机织物的幅宽指织物纬向两边最外缘的经纱之间的距离,也称门幅。国内对机织物的宽度常用厘米(cm)或英寸(″)(1″=2.54 cm)表示。幅宽可分为有效幅宽和全幅幅宽两种。一般市场上售卖的布采用全幅幅宽,服装厂使用的面料采用有效幅宽。

现在很多机织物因为生产设备的原因,面料成品门幅差异会很大。一般来说,棉织物的幅宽分为中幅及宽幅两类,中幅一般为 81.5～106.5 cm,宽幅一般为 127～167.5 cm;粗纺毛织物的幅宽一般为 143、145、150 cm;精纺毛织物的幅宽为 144、149 cm;蚕丝织物的幅宽为 73～140 cm;化纤织物幅宽一般为 144～150 cm。

3. 厚度

机织物的厚度是指在一定压力下织物正反面之间的垂直距离,单位为毫米(mm)。织物的厚度与织物的保暖性、通透性、悬垂性、耐磨性及手感、外观风格有着密切关系。织物按厚度不同可分为薄型、中厚型和厚型三类。

4. 质量

织物的厚重程度多用质量描述,常采用每平方米织物所具有的质量克数表示,称为面密度,其单位为"克/平方米(g/m²)"。但有些面料如牛仔布采用"盎司/平方码(oz/yd²)"(1 oz/yd² =33.9 g/m²),又如丝绸面料常用"姆米(m/m)"(1 m/m=4.305 6 g/m²)。

二、机织物的密度

机织物的密度是指单位长度内经纬纱的根数,有经密和纬密之分。经密指沿机织物纬向单位长度内的经纱根数,纬密指沿机织物经向单位长度内的纬纱根数。

机织物的密度单位一般用 10 cm 内的纱线根数表示,符号为"根/10 cm",习惯上,机织物的密度单位用"根/英寸"。但一些丝织物的密度经常用每平方英寸范围内的丝线根数加字母"T"表示,如 190T 涤塔夫,190T 指每平方英寸内经向和纬向的丝线根数之和为 190。大多数织物的经纬密配置采用经密大于或等于纬密。

三、机织物的织物组织

织物组织是指经纱和纬纱相互交错的规律。织物中的经纱和纬纱的交叉点叫作组织点。经纱浮于纬纱之上的组织点,叫经组织点或经浮点。纬纱浮于经纱之上的组织点,叫纬组织点或纬浮点。图 1-3-5 所示为组织点示意图。

织物中的经纬组织点排列次序重复一次所需要的最少纱线数,叫作一个完全组织或组织循环。在一个完全组织中,一个系统的每根纱线只与另一个系统的纱线交织一次的组织,称为原组织或基本组织,它们是最简单的织物组织。机织物中的原组织

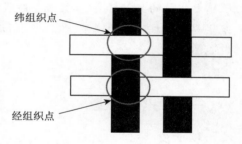

图 1-3-5　组织点示意图

有平纹组织、斜纹组织和缎纹组织三种。在原组织的基础上,适当变化可得到各种组织。

织物组织可用图形表示。这种表示织物组织的图形称为组织图,一般用方格(意匠纸)表示,方格的纵行表示经线,经线的次序为自左到右;横行表示纬线,纬线的次序为自下到上。方格内绘有符号的为经组织点,常用⊠、■等符号表示;方格内不绘符号的为纬组织点。绘制组织图时,一般只需绘一个组织循环。

在一个组织循环中,同一系统的相邻两根纱线上相应的经(纬)组织点所间隔的纱线数,称为飞数。它可分为经向飞数和纬向飞数两种。经向飞数是沿经线方向,相邻两根经纱上相应两个组织点所间隔的纬线数;纬向飞数是沿纬线方向,相邻两根纬纱上相应两个组织点所间隔的经线数。如图 1-3-6 所示,其经向飞数为 3,纬向飞数为 2。

1. 平纹组织

平纹组织为最简单的组织,它由经线与纬线一上一下相间交织而成。由两根经纱和两根纬纱组成一个完全组织。图 1-3-7 所示为平纹组织结构示意图,图 1-3-8 所示为平纹组织图。

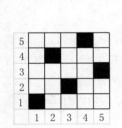

图 1-3-6 飞数

图 1-3-7 平纹组织结构示意图

图 1-3-8 平纹组织图

平纹组织可用分数 $\frac{1}{1}$ 表示(读作一上一下平纹),分子表示经组织点数,分母表示纬组织点数。

平纹组织是所有组织中交错次数最多的组织,因而平纹织物的断裂强度较大。平纹织物正反面的特征基本相同,而且织物表面光泽较暗。平纹组织广泛应用于各种织物。采用不同的纤维原料、纱线细度、经纬密度等,可得到不同风格的平纹织物。如棉织物中的平布、府绸、巴厘纱、泡泡纱、绒布等,毛织物中的派力司、凡立丁等,丝织物中的电力纺、乔其、塔夫绸等,麻织物中的夏布等。

2. 斜纹组织

斜纹组织是由 3 根或 3 根以上的经纬纱才能构成一个完全组织的一类组织,它的特点是在织物表面呈现出经组织点或纬组织点组成的斜纹线,斜纹线的倾斜方向有左有右。图 1-3-9 所示为斜纹组织结构示意图,图 1-3-10 所示为斜纹组织图。

图 1-3-9　斜纹组织结构示意图　　　　图 1-3-10　斜纹组织图

　　斜纹组织可用"分式＋箭头"表示,如 $\frac{2}{1}\nearrow$(读作二上一下右斜纹),分子表示经组织点数,分母表示纬组织点数,箭头表示斜纹线的倾斜方向。在原组织的斜纹分式中,分子或分母必有一个等于1。当分子大于分母时,组织图中的经组织点占多数,为经面斜纹;当分子小于分母时,组织图中的纬组织点占多数,为纬面斜纹。

　　斜纹织物的正反面并不相同,如果正面是经面斜纹,反面则是纬面斜纹,而且斜纹线的倾斜方向相反。斜纹组织中经纬纱的交错次数比平纹组织少,因而其单位长度内可含经纬纱的根数比平纹组织多,织物紧密、厚实而硬挺,光泽较好。斜纹组织的应用比较广泛。如棉型织物中的细斜纹棉布、单面卡其等,毛织物中的单面华达呢,丝织物中的美丽绸等。

3. 缎纹组织

　　缎纹组织是原组织中最复杂的一种组织,其相邻两根纱线上对应的组织点不连续且单独组织点均匀分布。缎纹组织表面有较长的经(纬)浮长线,若表面有较长的经浮长线,称为经面缎纹;若表面有较长的纬浮长线,称为纬面缎纹。缎纹组织的完全组织纱线数至少为5根(6除外),其中5、8用的最多,飞数大于1而小于完全组织纱线数,且飞数不能与完全组织纱线数有公约数。

　　缎纹组织可用"分数＋文字"表示,分子表示组织循环数或枚数,分母表示飞数(经面缎纹组织用经向飞数,纬面缎纹组织用纬向飞数),如 $\frac{5}{2}$经面缎纹(读作五枚二飞经面缎纹)。图 1-3-11 所示为缎纹组织结构示意图,图 1-3-12 所示为缎纹组织图。

　　在三类原组织中,在单位长度内纱线根数相同的条件下,缎纹组织的经纬纱交错点最少,浮长最长。缎纹织物的正反面有明显区别,正面特别平滑而富有光泽,反面则比较粗糙且无光泽,手感最柔软,强度最低。缎纹组织的应用也较广泛。如棉织物中的直贡和横贡,毛织物中的贡呢,丝织物中的素软缎、素绉缎等。

图 1-3-11 缎纹组织结构示意图

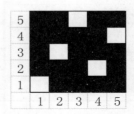

图 1-3-12 缎纹组织图

 知识链接

1. 认识棉府绸印花布（图 1-3-13）的规格，见表 1-3-1。

图 1-3-13 棉府绸印花布

表 1-3-1 棉府绸印花布的规格

品名	棉府绸印花布
成分	100％棉
纱线细度	$40^s \times 40^s$
密度	(133×72)根/(2.54 cm)
门幅	145 cm
面密度	125 g/m²
织物组织	平纹
染整工艺	印花

2. 认识舒美绸（图 1-3-14）的规格，见表 1-3-2。

图 1-3-14 舒美绸

表 1-3-2 舒美绸的规格

品名	舒美绸
成分	100％涤纶
纱线细度	68 D×100 D
密度	250T
门幅	148 cm
面密度	70 g/m²
织物组织	斜纹
染整工艺	染色

任务评价

你是否达到本阶段的学习目标？达到了就美美地给自己画个"☺"，基本达到画"☺"，没有达到画"☹"，继续努力吧！

序号	任务目标	是否达到
1	了解机织物的度量	
2	了解机织的经密与纬密	
3	了解三原组织的特点	

自我综合评价：

思考与练习

1. 名词解释：
   机织物的密度　织物组织　组织点　经组织点
2. 简述平纹、斜纹和缎纹组织的特点。

任务三　针　织　物

任务导入

针织物可分为纬编针织物和经编针织物，它具有良好的延伸性和弹性等优点，应用广泛。这里主要介绍针织物的度量和针织物的基本组织。

任务实施

针织物是由纱线通过织针有规律的运动形成线圈，线圈和线圈之间再相互串套而形成的织物。所以，线圈是针织物的最小基本单元。这也是识别针织物的一个重要标志。

一、针织物的分类

针织物按加工工艺的不同，主要分纬编针织物和经编针织物。

1. 纬编针织物

纬编针织物是将一根或数根纱线由纬向喂入纬编针织机的工作针上，使纱线顺序地弯曲成圈，并相互串套而形成的织物。生产纬编针织物所用的机器主要有圆纬机和横机。纬编针织物的品种繁多，常见产品有纬平针面料、纬编罗纹面料、纬编毛圈面料、纬编拉绒类面料、纬编天鹅绒类面料、花色针织面料、纬编衬垫面料等。

2. 经编针织物

经编针织物是采用一组或几组沿经向平行排列的纱线，在经编针织机上通过所有工作针同时成圈而形成的织物。生产经编针织物所用的机器主要有经编机、缝编机、花边机。常见的经编针织物有经编网眼织物、经编起绒织物、经编丝绒织物、经编毛圈织物和经编提花织物等。

二、针织物的度量

1. 长度

针织物的匹长根据纱线原料、针织物的品种和染整加工等因素确定。经编针织物的匹长常以定重为准，纬编针织物的匹长多由匹重、幅宽和每米质量确定，如汗布的匹重为 (12 ± 0.5)kg，绒布的匹重为 $(13\sim15\pm0.5)$kg，人造毛皮针织布的匹长一般为 $30\sim40$ m 等。

2. 幅宽

针织物的幅宽用厘米（cm）表示，因为针织坯布的布边不能用，一般是有效幅宽。纬编针织物的幅宽主要与针织机的机号和筒径规格、纱线细度、组织织物等因素有关，一般为 $160\sim190$ cm。经编针织物的幅宽根据品种和组织确定，一般为 $150\sim180$ cm。

3. 面密度

针织物的面密度是指 1 m^2 干燥针织物所具有的质量克数，单位符号为"g/m^2"。一般来说，夏装面料轻薄，其面密度小；冬装面料厚重，其面密度大。

三、针织物的基本组织

针织物的基本结构单元是线圈。图 $1-3-15$(a)所示为纬编线圈结构图，其中 0—1—2—3—4—5—6 是一个完整的纬编线圈，1—2、4—5 为圈柱，2—3—4 为针编弧，5—6—7 为沉降弧。图 $1-3-15$(b)所示为经编线圈结构图，其中 0—1—2—3—4—5—6 是一个完整的经编线圈，1—2、4—5 为圈柱，2—3—4 为针编弧，0—1、5—6 为延展线。经编线圈通常有两种形式：开口线圈 A 和闭口线圈 B，通过延展线是否相互交叉加以区分。

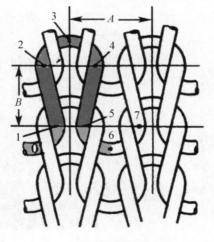

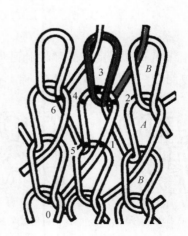

（a）纬编线圈结构图　　　　　　　　　（b）经编线圈结构图

图 1-3-15　线圈

针织物的织物组织是指线圈的排列、组合和联结的方式,它决定针织物的外观和性能,有基本组织、变化组织和花色组织三大类,而基本组织是所有针织物组织的基础。

(一) 纬编针织物的基本组织

纬编针织物的基本组织有纬平针组织、罗纹组织和双反面组织。

1. 纬平针组织

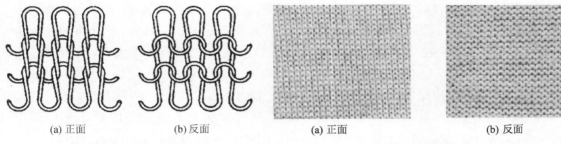

(a) 正面　　　　　(b) 反面
图 1-3-16　纬平针组织

(a) 正面　　　　(b) 反面
图 1-3-17　纬平针织物

纬平针组织是最简单的纬编组织,又叫平针组织,它由连续的单元线圈沿着一个方向串套构成。图 1-3-16 所示为纬平针组织,其中(a)为正面,呈圈柱,有均匀的纵向条纹;(b)为反面,呈沉降弧,有横向弧形线圈。图 1-3-17 所示为纬平针织物,其中(a)为正面,(b)为反面。

纬平针组织的特点是横向和纵向的延伸性均较好,缺点是易于脱散和卷边。这种组织广泛应用于内衣、外衣、毛衫、袜子等。

2. 罗纹组织

罗纹组织由正面线圈纵行与反面线圈纵行以一定组合相间配置而形成。罗纹组织的种类很多,根据正反面线圈纵行数的不同配置,有 1＋1 罗纹、2＋2 罗纹、3＋3 罗纹等。图 1-3-18 所示为 1＋1 罗纹组织,其中(a)为自由状态时的结构,(b)为横向拉伸时的结构。图 1-3-19 所示为 1＋1 罗纹织物。由于罗纹组织的两面都有与纬平针组织正面一样的纵向条纹,又叫双正面组织。

罗纹组织横向具有良好的弹性和延伸性。与纬平针组织比较,罗纹组织不易脱散,不卷边。罗纹组织一般用于针织内衣、棉毛衫裤及领口、袖口、裤口、袜口等。

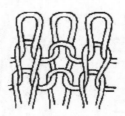

(a)自由状态　　　　(b)横向拉伸

图 1-3-18　1＋1 罗纹组织

图 1-3-19　1＋1 罗纹织物

3. 双反面组织

双反面组织由正面线圈横列与反面线圈横列交替配置而形成，其正面外观与纬平针组织的反面类似。双反面组织也有1+1、2+2等多种。图1-3-20所示为1+1双反面组织。图1-3-21所示为1+1双反面织物。

双反面组织的纵向收缩，圈弧突出，织物两面均显现反面线圈，横向的延伸性和弹性与平针组织相同，而纵向的延伸性和弹性比平针组织大一倍。双反面组织线圈纵行倾斜，使织物纵向缩短，厚度及纵向密度增加。另外，双反面组织针织物有很大的弹性，不易卷边，其缺点是容易脱散，适宜制作婴儿衣物、手套、袜子、羊毛衫等成型针织品。

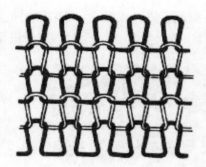　　　　

图1-3-20　1+1双反面组织　　　　图1-3-21　1+1双反面织物

（二）经编针织物的基本组织

经编针织物由若干根平行排列的经纱，同时沿着经向弯曲成圈并互相串套而形成。它比纬编针织物紧密，纱线之间互相缠绕扣住。因此，经编针织物具有不易脱散、不易起球和勾丝、尺寸稳定性好、抗皱性强的优点。经编针织物的基本组织有编链组织、经平组织和经缎组织。

1. 编链组织

编链组织由各根经纱始终在同一枚织针上垫纱成圈而形成，各纵行间无联系，呈带状。此类组织外观呈现线圈圈干直立现象，结构紧密，纵向延伸性小，不易卷边，可逆编织方向脱散，常用来生产纵条纹和作为衬纬组织的联结组织。图1-3-22所示为编链组织。

2. 经平组织

经平组织由各根经纱轮流在相邻两枚织针上垫纱成圈而形成，线圈呈倾斜状。图1-3-23所示为经平组织，图1-3-24所示为经平组织织物。

经平组织织物的正反面都有菱形网眼纹，纵横方向都有一定程度的延伸性，不易卷边，可用于制作各类汗衫、背心及衬衣等。

图1-3-22　编链组织

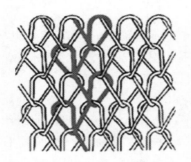 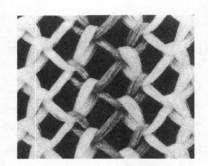

图 1-3-23　经平组织　　　　　　图 1-3-24　经平组织织物

3. 经缎组织

经缎组织由各根经纱依次在三枚或三枚以上的织针上垫纱成圈,然后再按顺序返回原处编织而形成。图 1-3-25 所示为最简单的经缎组织,图 1-3-26 所示为经缎组织织物。

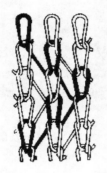 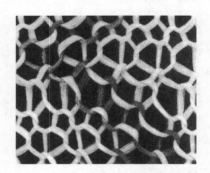

图 1-3-25　经缎组织　　　　　　图 1-3-26　经缎组织织物

一个完全组织中,一半横列线圈向一个方向倾斜,而另外一半横列线圈向另一个方向倾斜,因此织物表面形成横条纹效果。经缎组织的延伸性较好,当纱线断裂时,线圈沿纵行逆编织方向脱散。经缎组织常与其他经编组织复合,可得到一定的花纹效果。

 知识链接

1. 认识全棉汗布(图 1-3-27)的规格,见表 1-3-3。

图 1-3-27　全棉汗布

表 1-3-3　全棉汗布的规格

品名	全棉汗布
成分	100% 棉
纱线细度	21^S
门幅	175 cm
面密度	180 g/m^2
织物组织	纬平针
染整工艺	染色

2. 认识经编网眼布(图 1-3-28)的规格,见表 1-3-4。

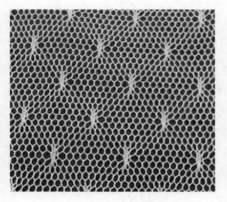

图 1-3-28　经编网眼布

表 1-3-4　经编网眼布的规格

品名	经编网眼布
成分	100％锦纶
纱线细度	20 D
门幅	165 cm
面密度	30 g/m²
织物组织	经编
染整工艺	染色

任务评价

你是否达到本阶段的学习目标?达到了就美美地给自己画个"☺",基本达到画"☺",没有达到画"☹",继续努力吧!

序号	任务目标	是否达到
1	了解针织物的分类	
2	了解纬编针织物的基本组织	
3	了解经编针织物的基本组织	

自我综合评价:

思考与练习

1. 名词解释:
   纬编针织物　纬编针织物
2. 简述纬平针和罗纹组织的特点。
3. 简述经编针织物的特点。

任务四　非织造布

任务导入

了解非织造布的概念和特点,熟悉非织造布在服装方面的应用。

任务实施

一、非织造布的概念

非织造布又称为无纺布，是由定向或随机排列的纤维，通过摩擦、抱合、黏合或者这些方法的组合使用而相互结合制成的片状物、纤网或絮垫，但不包括纸、机织物、针织物、簇绒织物及湿法缩绒的毡制品。非织造布的生产工艺一般由四个环节组成：纤维准备、纤维成网、纤维网加固和后整理。非织造布的特点主要是生产流程短，生产效率高，生产成本低，价格便宜，用途广等。

二、非织造布的应用

非织造布因其使用的纤维、成网的方式、加固的方式及后整理的方法不同，可生产各种特性的产品。因此，非织造布的应用广泛，不仅用于服装、家庭装饰、生活用品和包装材料，还应用于工业、农业、医疗卫生、军事等领域。非织造布在服装上主要用作黏合衬、衬里、絮片、基布、"用即弃"衣裤料、工作服面料、手术衣面料、手术帽面料等。

知识链接

1. 认识双点无纺衬（图 1-3-29 所示）。

双点无纺衬的质量较好，可耐水洗，耐酵素洗，面料适应性广，符合环保要求，无毒。使用熨烫时不能用蒸汽，可用熨斗直接熨烫，使用温度为：$125 \sim 135$ ℃，使用压力为 $1.5 \sim 2.5 \, \text{kg/cm}^2$，使用时间为 $10 \sim 14$ s。

图 1-3-29　双点无纺衬

任务评价

你是否达到本阶段的学习目标？达到了就美美地给自己画个"☺"，基本达到画"☺"，没有达到画"☹"，继续努力吧！

序号	任务目标	是否达到
1	了解非织造布的概念	
2	了解非织物布在服装上的应用	

自我综合评价：

思考与练习

1. 名词解释：

非织造布

2. 简述非织造布在服装上的应用。

运用篇

服装与面料是密不可分的。作为一名服装从业人员,不管你是设计师、制版师还是工艺师,都必须对服装面料及其性能有深入的了解。掌握这些知识,能够使你的工作更高效,更有创新性。

项目一　裙裤装面料运用

内容透视

　　裙装和裤装都是指包裹人体腰部以下部分的服装,能够充分展示女性的优美身材。古人用"裙拖六幅湘江水"的诗句来形容穿着裙装时的仪态之美。而裤装具有潇洒自然的外形特征以及活动方便的功能特点,是人们不可或缺的服装品种。

总体目标

　　1. 了解棉、麻、丝、毛型面料的种类、原料、组织结构特点、风格特征及其在服装服饰上的运用;

　　2. 能根据裙裤装款式特征选择并运用各种面料。

任务一　棉麻面料在裙裤装中的运用

任务导入

　　棉麻面料风格朴素自然,穿着舒适,物美价廉,是人们常用的服装面料之一,也是休闲裙及休闲裤的常用面料之一。

任务实施

一、常见棉型面料的种类与裙裤装运用

1. 府绸

　　府绸是棉布的一个主要品种,因其具有丝绸风格而得名。府绸的经纬纱线较细且捻度较大,以平纹组织织成,经密是纬密的一倍以上,经纱凸起形成菱形饱满颗粒,布面洁净平整,织纹细腻紧密,手感滑爽柔软。

　　府绸适用范围较广,可以制作各种裙装、裤装、男女衬衫、睡衣裤、童装、手帕、床上用品

及绣花坯布等,见图 2-1-1。

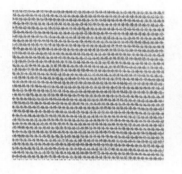

图 2-1-1 府绸面料与裙裤装款式图

2. 巴厘纱

巴厘纱又称玻璃纱,是一种细特强捻纱平纹棉布,其质地稀薄,手感挺爽,布孔清晰,透明度高且透气性好。巴厘纱的经纬向紧度约为 25%~40%。

巴厘纱可制作夏季裙装、衬衫、睡衣及衬裙等,由于该面料过于轻薄,故不适合做合体裙、裤装和短裙,且必须加里布,见图 2-1-2。

图 2-1-2 巴厘纱面料与裙装款式图

3. 牛仔布

牛仔布又称劳动布或坚固呢,是一种紧、密、粗、厚型色织斜纹面料,纱线较粗,经纱采用有色纱、纬纱采用漂白纱,布身坚牢,结实耐用,抗皱性好,风格粗犷。牛仔布主要为全棉牛仔布,还有棉＋氨纶、棉＋桑蚕丝及棉＋涤纶＋氨纶等品种。牛仔布本身较硬,但经水洗、石磨、磨毛等后整理加工后,面料柔软度与穿着舒适度均明显提高。牛仔布适宜于制作工作服、休闲服、夹克衫、牛仔外套、风衣等,牛仔裤更是已风靡全球近 200 年,见图 2-1-3。

牛仔布正面　　　　　　　　　　　　　　　牛仔布反面

图 2-1-3　牛仔布面料与裙裤装款式图

🔊 **知识链接**

抗　皱　性

抗皱性指织物抵抗弯曲变形的能力。纤维性能、纱线结构、织物组织、染整后加工工艺等都是影响织物抗皱性的主要因素。纤维的初始模量越大，织物的抗皱性越好。所有纤维中，初始模量最大的是麻，涤纶次之。纱线捻度适中，织物的抗皱性较好；纱线越粗，织物的抗皱性越好。织物组织中浮长对织物的抗皱性影响很大，浮长越长，织物的抗皱性越好，因此三原组织织物的抗皱性从小到大排列为平纹织物＜斜纹织物＜缎纹织物。另外，热定形和树脂整理也可提高织物的抗皱性。

4. 卡其

卡其一词原意为"泥土"，该面料品种较多，按纱线结构不同可分为纱卡其、线卡其和半线卡其；按后整理方法可分为防雨卡其、防缩卡其、水洗卡其和磨毛卡其等，按斜纹外观可分为单面卡其、双面卡其和人字卡其等。卡其面料密度极大,且经密为纬密的1倍以上,质地紧密厚实,手感硬挺,正面斜纹明显,其中纱卡呈"↖"斜纹、线卡和半线卡呈"↗"斜纹。卡其的缺点是不耐折边磨,领口、袖口及裤脚口等处往往先磨断。卡其面料可以制作男女外套、裤装及工作服等(图2-1-4)。

单面卡其正面

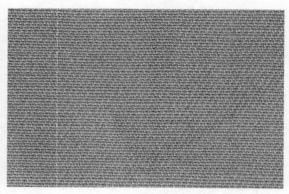
单面卡其反面

图 2-1-4　卡其面料与裙裤装款式图

知识链接

耐　磨　性

耐磨性指纤维承受外力反复作用的能力,耐磨性差是服装在穿着和使用过程中损坏的最主要原因之一。

面料的磨损主要有平磨、曲磨和折边磨三种方式,服装不同的部位所受到的磨损方式各不相同。如服装的前后身、裤子的臀部、袜子的底部等部位磨损均属于平磨;肘部、膝部等弯曲部位的磨损均属于曲磨;而领口、袖口、裤脚口等折边部位的磨损均属于折边磨。

影响服装耐磨性的主要因素有纤维性质、纱线结构、织物组织和染整后加工等。

所有纤维中,耐磨性最好的是锦纶,因此常用于制作袜子,另外涤纶、维纶、丙纶等的耐磨性也较好。天然纤维中,羊毛纤维耐磨性最好,麻纤维最差。

较粗、捻度较大(不超过一定限度)的纱线耐磨性较好,且股线的耐磨性优于单纱。过紧或过松的织物结构都不利于耐磨性的提高,例如卡其面料纱线密度较大,但折边处却极易因磨损而断裂。实验还证明,三原组织中平纹组织的耐磨性最差,缎纹组织最好;浮纱长的面料比浮纱短的面料更耐磨。

5. 斜纹布

斜纹布的布面较光洁,正面斜纹细密,反面斜纹不明显。布身质地较厚实,手感柔软。匹染面料适宜于制作工作服和裤装;大印花斜纹布可用于制作被套、床罩等床上用品;小印花斜纹布可用于制作儿童服装、女衬衫及女裙等,见图 2-1-5。

图 2-1-5 斜纹布面料与裙裤装款式图

6. 人造棉

人造棉不是纯棉面料,而是由普通黏胶短纤维织成的棉型平纹面料,外观近似棉布,身骨比棉布软糯,具有质地细洁柔软、手感滑爽、色泽艳丽、吸湿透气性和悬垂性好及穿着舒适等优点,但同时存在弹性和保形性差、不耐磨、缩水率大且不耐水洗、色牢度低、水洗易褪色、湿强度低等缺点,适宜于制作妇女儿童的夏季裙装、裤装、衬衫及睡衣等,见图 2-1-6。

图 2-1-6 人造棉面料与裙装款式图

知识链接

染 色 牢 度

染色牢度指纺织品的颜色在加工和使用过程中对各种作用的抵抗力。纺织品在其使用过程中会受到光照、洗涤、熨烫、汗渍、摩擦和化学药剂等的作用,有些印染纺织品还要经受特殊的整理加工,如树脂整理、阻燃整理、砂洗及磨毛等。

色牢度差的纺织品制成服装后,不但影响服装外观,还直接危及人体健康,因为色牢度差的服装在颜色脱落过程中,染料分子和重金属分子等有可能通过皮肤接触而被人体吸收,这就要求纺织品的色泽必须保持一定的牢度。

染色牢度根据试样的变色情况和未染色贴衬织物的沾色情况来评定牢度等级。纺织品色牢度测试是纺织品内在质量测试中的一项常规检测项目,具体检测项目须根据纺织品的使用情况而定。如除干洗服装外,其他服装制品均需测试水洗色牢度;呢绒制品在使用过程中通常是暴露在光线下的,必须测试日晒色牢度;内衣制品通常是贴身穿着的,还必须测试汗渍色牢度。

以上各项色牢度指标评级除日晒色牢度为1～8级外,其余按1～5级评定。1级最差,8级或5级最好。

7. T/C布

也称为"的确凉",通常采用65%涤纶纤维与35%棉纤维混纺而成,是一种具有棉织物风格的平纹组织织物。T/C布既具有涤纶纤维强度高、保形性及洗可穿性好的优点,也具有棉纤维吸湿透气的优点,故常用于制作裙装、裤装和正装衬衫等。

二、常见麻型面料的种类与裙裤装运用

1. 苎麻布

苎麻布指以苎麻纤维为原料织造的麻布,大多为平纹组织或平纹变化组织,布面有较明显的竹节,手感挺括干爽,布面平整,质地坚牢,穿着舒适。苎麻布分为手工苎麻布和机织苎麻布两种,其中手工苎麻布外观较粗犷,而机织苎麻布则更加细腻匀净。苎麻布是夏季的理想衣料,适宜于制作春夏季休闲西服、宽松型风衣、衬衫、裙装和裤装等,见图2-1-7。

图 2-1-7　苎麻布面料与裙裤装款式图

2. 亚麻布

亚麻布指以亚麻纤维为原料织造的麻布,该面料风格与苎麻布非常相似,而其质地比苎麻布更细腻柔软,同样适宜于制作各类夏季休闲型服装,见图 2-1-8。

图 2-1-8 亚麻布面料与裙裤装款式图

🔊 知识链接

断裂强度和断裂伸长率

断裂强度指面料的牢度,即面料受力直至被破坏时所能承受的最大拉伸力,而断裂伸长率指面料断裂时所产生的变形百分率。

纤维性能是影响面料断裂强度和断裂伸长率的决定性因素,天然纤维中断裂强度最高的是麻,最低的是毛;所有纤维中最高的是锦纶。

不同的纤维,其干态强度与湿态强度略有不同。吸湿性小的合成纤维,如涤纶、锦纶等的干、湿强度基本相同;棉麻纤维的湿强高于干强;黏胶纤维湿强仅为干强的 50% 左右,故其耐水洗性极差。

3. 涤纶仿麻织物

指采用涤纶或涤/黏强捻纱织成的平纹或斜纹组织织物,具有面料轻薄,外观粗犷,穿着舒适凉爽的特点,其制成的服装易洗快干,坚牢耐用,平整挺括,不易折皱变形,适用于制作夏季裙装、裤装和衬衫等。

三、其他棉麻面料及其在裙裤装中的运用

几乎各类棉麻面料均可制作休闲类裙裤装,图 2-1-9 列举的裙裤装款式所使用面料依次是:平布、色织布、牛津布、贡缎、泡泡纱、树皮绉、平布和灯芯绒。

图 2-1-9 其他棉麻面料裙裤装款式图

任务评价

你是否达到本阶段的学习目标？达到了就美美地给自己画个"☺"，基本达到画"☺"，没有达到画"☹"，继续努力吧！

序号	任务目标	是否达到
1	了解平纹类府绸、巴厘纱面料的特点及其适用范围	
2	了解斜纹类牛仔布、卡其、斜纹布面料的特点及其适用范围	
3	能根据裙裤装款式特点合理选配棉型面料	

自我综合评价：

任务拓展

1. 犹太人利维·斯特劳斯(Levi Strauss)被公认为牛仔裤的发明者。请上网查找收集与利维斯品牌"Levi's"相关的文字资料和图片资料。

2. 逛逛当地的服装面料、辅料市场，收集各式棉型、麻型面料小样，并将收集到的小样制作成样卡。

面料小样	名称	主要成分	主要性能	用途	幅宽	市场价格
小样粘贴处						
小样粘贴处						
小样粘贴处						

3. 请从造型、风格、用途及面料特点等方面,分析图 2-1-10 所示的裙裤装适合哪些棉型面料。

风格特点分析	
适合的面料	

图 2-1-10　裙裤装款式图

任务二　丝型面料在裙裤装中的运用

丝型面料俗称"丝绸",质地细腻滑爽、光泽柔和、高雅华丽,是高档服装的常用面料之一。

一、常见丝型面料的种类与裙裤装运用

1. 雪纺

雪纺是轻薄透明的平纹丝型面料的统称,其表面平整,飘逸轻柔,悬垂性好,手感滑爽,抗皱性好,既可印花,又可染色、绣花、压褶及烫金等,色泽鲜艳,花型优美,是制作夏季时尚女装的常用面料之一,见图 2-1-11,但由于该面料太薄,不适合制作裤装。

雪纺的原料有桑蚕丝和涤纶长丝两大类,两者外观几乎完全相同,其区别在于:桑蚕丝吸汗透气但洗护麻烦,价格较高;涤纶长丝抗皱性及定形性好,易洗快干,价格便宜,但基本不吸汗,穿着有闷热感。

图 2-1-11　雪纺面料与裙裤装款式图

2. 双绉

双绉属于真丝绉组织。其经丝采用弱捻或不加捻,纬丝加强捻,且采用 2S2Z 形式交替排列。该面料光泽柔和,手感柔软滑爽,弹性好,悬垂性好,布面形成均匀的细皱纹,也是制作各类夏季女装的常用面料,还可用于制作围巾和窗帘等手工艺品,见图 2-1-12。

双绉的缩水率较大,尤其是经向缩率能达到10％,购买面料时要按缩率作适当加放。

图 2-1-12　双绉面料与裙裤装款式图

3. 重绉

重绉即加厚型双绉面料,采用多根经纬线组合,纬线加强捻并以 2S2Z 的排列方式交替织入(与双绉相同),表面有轻微绉纹,富有弹性,穿着舒适滑爽,吸湿透气。重绉面料再经砂洗处理后,表面产生细微绒毛,看上去像蒙了一层白雾。砂洗重绉面料更厚实,弹性和抗皱性更好,穿着更加柔软舒适。重绉可用于制作男女衬衫、外套、女裙装及女裤等,见图 2-1-13。

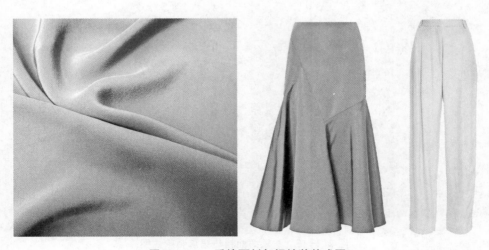

图 2-1-13　重绉面料与裙裤装款式图

4. 塔夫绸

真丝塔夫绸又称塔夫绢,是一种以平纹组织织造的纯桑蚕丝面料,经纱和纬纱均采用经精练、脱胶和染色的熟丝,密度较大。绸面紧密细洁,平挺有身骨,光泽晶莹,颜色鲜艳,摩擦有丝鸣声。塔夫绸适宜于塑造棱角分明的轮廓造型,可用于制作高档女装,如各种礼服、裙装、风衣及外套等,见图 2-1-14。

涤纶塔夫绸又称涤塔夫,其组织结构与真丝塔夫绸完全相同,是全涤纶薄型平纹面料,可作为外套、箱包、帐篷及服装、服饰用品的里料,也可作为雨伞、浴帘和桌布的面料。

图 2-1-14　塔夫绸面料与裙裤装款式图

5. 素软缎

素软缎由桑蚕丝和有光人造丝交织而成,具有表面光滑如镜,缎面细洁平整,手感柔软,色泽鲜艳和富有弹性等特点。素软缎是一种高档面料,适宜制作具有华丽风格的裙装、裤装、衬衫、婚纱、晚礼服及方巾等,也可用作刺绣坯料,见图 2-1-15。

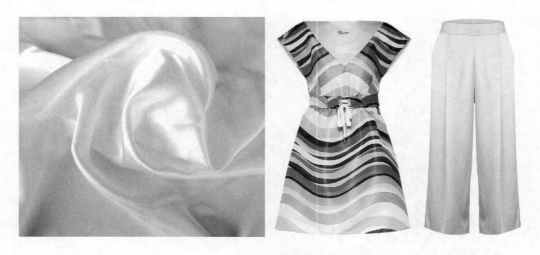

图 2-1-15　素软缎面料与裙裤装款式图

6. 素绉缎

素绉缎是采用无捻桑蚕丝为经纱并以 2S2Z 的排列形式交替织入,同时采用有捻桑蚕丝为纬纱织造的缎纹面料。素绉缎正面的光泽非常好,色泽明亮柔和,反面横向有隐约细绉纹。缎面质地紧密平整,经纱密度可达 130 根/cm,手感柔软润滑,颜色为素色。素绉缎加氨纶可以织造真丝弹力缎,面料纬向具有弹性,抗皱性非常好,是制作紧身型衬衫及铅笔裤等的理想面料。

素绉缎与素软缎仅一字之差,区别在于素绉缎是纯桑蚕丝织物,而素软缎反面没有细绉纹,两者用途相似,都可用于制作风格华丽的裙装、晚礼服、方巾和绣花绸坯等,见图 2-1-16。

图 2-1-16 素绉缎面料与裙裤装款式图

7. 织锦缎与古香缎

织锦缎与古香缎的经纱均为桑蚕丝,纬纱为有光人造丝,采用经面缎纹提花组织织成,质地细腻厚实,表面光洁精致,色彩绚丽悦目,颜色一般三色以上,最多可达十色,是丝织品中最精美的传统产品。

两者的区别在于,织锦缎的密度更大,图案以梅兰竹菊、龙凤呈祥、福寿如意为主,风格华丽富贵;古香缎的密度略小,图案以亭台楼阁、花鸟虫鱼、山水风景、人物故事为主,具有浓郁的民族风格。

织锦缎与古香缎均适用于制作女装旗袍、上装、睡衣、礼服、唐装、戏装等,也能用于制作领带、鞋帽和书画装帧等,见图 2-1-17 和图 2-1-18。

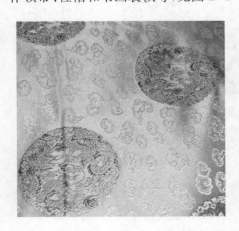

图 2-1-17 织锦缎面料与裙裤装款式图

图 2-1-18 古香缎面料与裙裤装款式图

8. 香云纱

香云纱也称为莨纱绸或拷皮绸、拷绸,是岭南地区一种古老的传统丝绸产品,为国家级非物质文化遗产,是采用纯桑蚕丝织造的平纹提花组织面料。坯纱织成后再进行拷制处理,形成香云纱的特殊风格。该面料表面光滑,色泽油亮,正面多为黑色,反面为棕红色,也有正反两面均为棕红色的。面料具有穿着凉爽、挺括柔滑、透湿吸汗等优点,适宜制作夏季旗袍、衬衫、裙装、男短袖衬衫等,见图 2-1-19。香云纱在穿用过程中,折皱次数越多,表面涂层越容易脱落,因此不适合制作裤装。

图 2-1-19 香云纱面料与裙装款式图

9. 金丝绒

金丝绒地组织为桑蚕丝,绒经为有光黏胶丝织造的经起绒织物,绒毛浓密耸立丰满,呈顺向倾斜,绒面光泽醇亮,但不太平整,色光柔和,手感柔软舒适,悬垂性好,富有弹性。金丝绒适宜制作外套、两用衫、裙装、裤装、礼服、旗袍等服装及帽子、沙发套、窗帘等装饰用品,见图2-1-20。

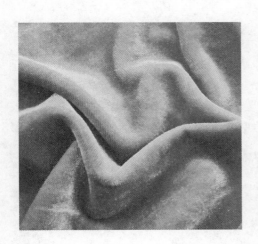

图 2-1-20　金丝绒面料与裙裤装款式图

10. 乔其绒

乔其绒采用强捻生丝做底经、有光人造丝做绒经,强捻桑蚕丝做纬纱,以经起毛组织织成交织绒坯,经割绒后形成密集耸立绒毛,呈顺向倾斜。面料质地厚实柔软,色泽光彩夺目,风格富贵华丽,悬垂性好。

利用桑蚕丝与人造丝不同的耐酸性能,在乔其绒面料上按设计花型印上酸性物质,接触酸性物质部分绒毛被腐蚀掉,露出稀薄几乎透明的底布;未接触酸性物质的部分绒毛密立,得到乔其烂花绒,也称烂花绒。乔其绒经过特殊加工还可制成拷花乔其绒、烫金乔其绒等品种。

乔其绒、乔其烂花绒面料的用途与金丝绒基本相似,适宜制作旗袍、礼服、裤装、外套、少数民族服装及服装饰品,见图 2-1-21。

图 2-1-21　乔其绒、乔其烂花绒面料与裙裤装款式图

知识链接

刚柔性与悬垂性

刚柔性指织物抵抗弯曲变形的能力及其柔软程度。悬垂性指织物在自然悬垂状态下呈波浪弯曲的特性。

织物的刚柔性直接影响服装的廓形和合体程度。简单地讲,内衣等贴身穿着的服装或童装应具有良好的柔软度,而外衣则应具有一定的刚度,使其外形保持挺括,不易折皱。影响织物刚柔性的因素有纤维的性质、纱线结构、织物组织和染整后加工等。例如麻纤维手感刚硬,毛纤维手感柔软;欧根纱由单根较粗的长丝织成,外观硬挺;针织物比机织物柔软,缎纹织物比平纹织物柔软;经树脂整理的面料更硬挺。

织物的悬垂性对裙装、舞台幕布及窗帘等有着特别重要的作用,悬垂性好的面料制成服装后能展现出平滑均匀的波浪形曲面,给人一种线条的流畅美。一般纱支粗、较厚重的面料悬垂性差,而质量轻、柔软稀薄的面料则悬垂性好,见图 2-1-22。

图 2-1-22 织物的悬垂性

11. 绵绸

又称疙瘩绸,以桑䌷丝为原料,采用平纹组织织造而成。由于桑䌷丝是缫丝和绢纺过程中的下脚料,因此外观比较粗糙,绸面上布满小疙瘩,色光柔和,手感黏柔,还可闻到醋酸味,可用于制作男女衬衫、裙装、裤装及睡衣裤等,见图 2-1-23。

图 2-1-23 绵绸面料和裙裤装款式图

二、其他丝型面料及其在裙裤装中的运用

大部分丝型面料均可制作裙裤装,图 2-1-24 列举的裙裤装款式所使用的面料依次是:压褶涤纶仿真丝绸、欧根纱、烂花绡、桑波缎、电力纺、嵌金属丝提花凹凸绸、乔其纱和顺纡绉(上部为素绉缎面料)。

图 2-1-24 其他丝型面料裙裤装款式图

任务评价

你是否达到本阶段的学习目标?达到了就美美地给自己画个"☺",基本达到画"☺",没有达到画"☹",继续努力吧!

序号	任务目标	是否达到
1	了解至少五种丝型面料的特点及其适用范围	
2	能根据裙裤装款式特点合理选配丝型面料	

自我综合评价：

‖任务拓展‖

1. 都锦生是民国时期一位知名的丝织工业企业家，为了纪念他在织锦行业的贡献，在他的故乡杭州新建了一个织锦专题博物馆，并以他的姓名为博物馆命名。请上网查找收集与都锦生相关的资料。

2. 逛逛当地的服装面料、辅料市场，收集各式丝型面料小样，并将收集到的小样制作成样卡。

面料小样	名称	主要成分	主要性能	用途	幅宽	市场价格
小样粘贴处						
小样粘贴处						
小样粘贴处						

3. 请从造型、风格、用途及面料特点等方面，分析图 2-1-25 所示的裙裤装款式适合哪些丝型面料。

风格特点分析	
适合的面料	

图 2-1-25 裙裤装款式图

任务三 毛型面料在裙裤装中的运用

任务导入

毛型面料弹性非常好、外观挺括、质地厚实,是春、秋及冬季裙装的常用面料之一,也是正装裤的必选面料。

任务实施

一、常见毛型面料的种类与裙裤装运用

1. 凡立丁

凡立丁采用捻度较大的精梳毛纱双股线,以平纹组织织造而成,是精纺毛料中质地较为轻薄的重要品种之一,也是精纺毛料中密度最小的品种之一。凡立丁具有色泽鲜艳匀净,表面光洁平整,织纹清晰,光泽自然柔和,膘光足,手感滑、挺、爽,自然活络,弹性好以及抗皱性好等特点,适宜制作夏季男女西服、外套、西裤及西服裙等,见图 2-1-26。凡立丁的原料有全毛、毛涤、涤毛及黏锦等,与合成纤维混纺时,面料耐磨性和抗皱性有所提高,价格有所降低,但手感丰满程度不及全毛。

2. 派力司

派力司是用混色精梳股线或单纱,以平纹组织织造而成的混色精纺毛织物,具有呢面平整光洁,手感爽利,质地轻薄,抗皱挺括等特点。派力司与凡立丁一样,质地轻薄,用途基本相似,二者区别在于,凡立丁是匹染素色面料,以浅色如浅灰、浅驼及中灰色为主;而派力

司是色纺面料,表面有轻微雨丝条花并呈现不规则十字花纹,见图 2-1-27。

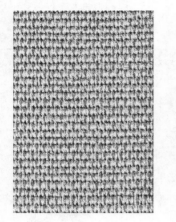

图 2-1-26　凡立丁面料与裙裤装款式图

图 2-1-27　派力司面料与裙装款式图

3. 花呢

花呢是精纺毛织物中品种变化最多的面料,常以有色纱线织造而成,具有花型多、色泽鲜艳、风格活泼等特点。以平纹组织织造的花呢质地轻薄,手感滑爽挺括,适宜于制作春夏套装和裤装等;以斜纹或斜纹变化组织织造的花呢质地略厚重,具有呢面光洁、富有弹性、手感丰糯等优点,适宜于制作春、秋套装等,见图 2-1-28。

4. 法兰绒

法兰绒是用粗梳毛纱,以平纹或二上二下斜纹组织织造而成的中高档混色粗纺毛型,具有呢面平整、绒面丰满细腻、略露底纹、手感柔软温暖、保暖性和弹性好、不起球及外观素雅大方等特点,颜色多为浅灰或深灰,宜制作春、秋、冬季男女西服、外套、西裤、大衣、童装及裙装等,见图 2-1-29。

5. 涤纶仿毛面料

涤纶纤维正在向仿丝、仿毛和仿棉等合成纤维天然化的方向发展。涤纶仿毛面料就是

图 2-1-28　花呢面料与裙裤装款式图

图 2-1-29　法兰绒面料与裙裤装款式图

其中的重要品种,具有价格便宜、外观织纹清晰、弹性好、毛型感强、易洗免烫等优点,但也存在易产生静电、吸湿透气性差等缺点。涤纶仿毛面料的裙装款式图见图 2-1-30。

图 2-1-30　涤纶仿毛面料裙装款式图

二、其他毛型面料及其在裙裤装中的运用

除凡立丁、派力司、法兰绒等面料外，其他毛型面料几乎均可制作裙裤装，图2-1-31列举的裙裤装款式所使用的面料依次是：格子粗花呢、麦尔登、大衣呢、薄花呢、贡呢、针织羊绒呢、女衣呢、花呢、哔叽、华达呢和人字大衣呢。

图 2-1-31 其他毛型面料裙裤装款式图

任务评价

你是否达到本阶段的学习目标?达到了就美美地给自己画个"☺",基本达到画"☺",没有达到画"☹",继续努力吧!

序号	任务目标	是否达到
1	了解凡立丁、派力司、花呢、法兰绒面料的特点及其适用范围	
2	能根据裙裤装款式特点合理选配毛型面料	

自我综合评价:

任务拓展

1. 逛逛当地的服装面、辅料市场,收集各式毛型面料小样,并将收集到的小样制作成样卡。

面料小样	名称	主要成分	主要性能	用途	幅宽	市场价格
小样粘贴处						
小样粘贴处						
小样粘贴处						

2. 请从造型、风格、用途及面料特点等方面,分析图 2-1-32 所示的裙裤装款式适合哪些毛型面料。

风格特点分析		
适合的面料		

图 2-1-32　裙裤装款式图

任务四　其他面料在裙裤装中的运用

任务导入

裙装是女性服装的主要品类,具有明显的性别属性与个性魅力。除棉、麻、丝、毛外,还有许多其他面料尤其是质地柔软、悬垂感好的面料均适用于裙装,并与裙装新颖、多样和时尚的款式特点相得益彰。

现代裙装和裤装依托各种面料,在款式、色彩等方面均展现出了丰富的变化。

任务实施

一、针织类面料的种类与裙裤装运用

1. 汗布

采用纬平针组织织成的薄型针织面料,具有柔软、吸湿透气、穿着舒适等特点,但其边缘易卷边,故裁剪后应及时缝制,另外还有脱散和线圈歪斜现象,适宜制作汗衫、运动服、T恤、睡衣等,见图 2-1-33。

2. 卫衣布

卫衣布是广东、香港一带的叫法,一般指布面正面呈现纬平针组织正面圈柱结构,反面呈现类似鱼鳞状的环状毛圈结构的针织面料,有的则进行拉绒处理,使面料保暖性更好。卫衣布有手感松软、质地厚实、穿着舒适等特点,并具有良好的弹性、抗皱性和吸湿性。卫

图 2-1-33　汗布面料与裙装款式图

衣布的常用原料有棉或棉涤混纺等，通常用于制作运动类外套及运动裤等，见图 2-1-34。

毛圈卫衣布　　　　　　　　　　　　　　　拉绒卫衣布

图 2-1-34　卫衣面料与裙裤装款式图

3. 超强弹力针织布

超强弹力针织布外观平整,光滑柔软,主要采用纬平针组织,原料是锦纶/氨纶(80/20)。由于锦纶纤维基本不吸收水分,且质量较轻,因此织成的面料穿着轻便舒适,出水后迅速干燥。该面料最优异的性能表现在弹力方面,穿着贴身而不紧绷,下水后不会鼓胀兜水,适宜于制作泳装、泳裤等贴身运动类服装,见图2-1-35。

图 2-1-35 超强弹力针织面料裙裤装款式图

4. 空气层针织布

采用里、中、外三层的织物结构,在织物中形成空气夹层,达到保暖性好的效果,最典型的应用就是保暖内衣。空气层材料以涤纶为主,里、外层材料有涤纶、棉和氨纶等,利用间隔丝将上下两层连接在一起形成"三明治"结构。空气层针织布弹性好,外观膨松,吸湿性好,设计感强,可直接制成时尚型裙装和外套等服装,也可经拷花处理,形成丰富的面料肌理效果后再制成各类服装,见图2-1-36。

图 2-1-36 空气层针织面料与
裙裤装款式图

二、其他面料的种类与裙裤装运用

1. 蕾丝

蕾丝,也称花边布,以前只用在晚礼服或婚纱上,现在已经越来越多地应用在普通女装上,成为日常生活中的时尚,见图2-1-37。

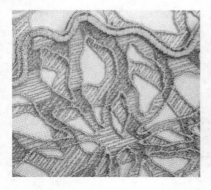

图 2-1-37 蕾丝面料与裙裤装款式图

2. 皮革

皮革是指经过加工处理的动物皮板,有光面皮板和毛面皮板两种。皮革经过鞣制等处理,能够使其具有柔软、坚韧及耐虫蛀等优点。裙装材料以皮质柔软且弹性好的羊皮革为主,见图 2-1-38。

图 2-1-38　皮革/仿皮革面料与裙裤装款式图

3. 麂皮绒

天然麂皮是一种名贵皮革。仿麂皮绒是采用涤纶超细纤维织造的面料,具有细密均匀的绒毛,绒面光泽柔和,手感柔软,透气耐用。仿麂皮绒除适宜于制作裙装、裤装、外套之外,还可用于制作箱包、鞋帽、汽车内饰、眼镜布、包装盒以及窗帘等,见图 2-1-39。

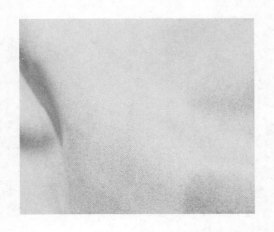

图 2-1-39　仿麂皮绒面料与裙裤装款式图

任务评价

你是否达到本阶段的学习目标?达到了就美美地给自己画个"☺",基本达到画"☺",没有达到画"☹",继续努力吧!

序号	任务目标	是否达到
1	了解人造棉、汗布和蕾丝等面料的特点及其适用范围	
2	能根据裙裤装款式特点合理选配针织面料	

自我综合评价：

▌任务拓展

逛逛当地的服装面、辅料市场，收集各式人造棉、汗布和蕾丝面料小样，并将收集到的小样制作成样卡。

面料小样	名称	主要成分	主要性能	用途	幅宽	市场价格
小样粘贴处						
小样粘贴处						
小样粘贴处						

2. 请从造型、风格、用途及面料特点等方面，分析图 2-1-40 所示的裙裤装款式适合哪些面料。

风格特点分析		
适合的面料		

图 2-1-40　裙裤装款式图

项目二　衬衫及其面料运用

内容透视

　　衬衫是使用最广泛的服装品类之一，可单穿也可搭配外套穿着，男女老少、工作休闲、一年四季皆可穿用。衬衫属于直接接触皮肤类服装，因此，在选择面料时，我们首先要考虑面料的安全环保性和服用舒适性，并结合服装风格、穿着场合、穿着对象和档次等因素综合选择。

总体目标

　　1. 了解并掌握衬衫常用面料的特性；
　　2. 能根据衬衫的设计需求合理选配面料。

任务一　衬衫常用面料的特性

任务导入

　　我国周代就已出现衬衫雏形，时称中衣、中单，着礼服时必衬于内，其造型特点为右衽、交领、连袖。汉代称这类贴身衫为厕牏，到宋代就有了衬衫之称。明清时期，受少数民族服饰影响，交领式衬衫逐渐演变成立领衬衫，即为现代中式衬衫的原形。清末民初，受西方文化与思潮的影响，人们开始穿西装，翻立领西式衬衫就传入我国。我国衬衫基本形制见图2-2-1。随着社会的不断发展以及新技术、新材料、新工艺的不断涌现，人们的个性化需求日益明显，如今衬衫的细分品类愈加丰富，使用的材料更是千变万化，见图2-2-2。

右衽、交领中衣　　　　　立领对襟中式衬衫　　　　　翻立领西式衬衫

图 2-2-1　我国衬衫基本形制

图 2-2-2　形式多样的衬衫及其面料运用

任务实施

　　衬衫一般贴身穿着,为保证其具有良好的服用舒适性能,我们对衬衫面料的基本要求是亲肤柔软、吸湿透气。因此,传统衬衫面料常以天然纤维纯纺及其与化学纤维混纺、交织的轻薄型面料为主。随着纺织技术的进步,新材料、新工艺、新技术不断涌现,越来越多科技含量高、性能优良的新型衬衫面料将会得到更广泛的运用。

一、传统衬衫面料

　　织物组织以原组织、变化组织和小提花组织为主,若采用不加捻或加弱捻的经、纬纱(丝)线织造,则织物表面平整、细密,主要品种有平布、牛津纺、电力纺、绵绸、斜纹衬衫布、贡缎等;若采用加强捻的经、纬纱(丝)线织造,则织物表面会产生绉效应,主要品种有双绉、乔其纱、顺纡绉等。

1. 平布

　　主要采用棉、麻、人造棉纯纺或与其他纤维混纺的纱线织造而成,其经纬纱线密度相同或接近,有生织与色织之分。其中,生织是先将纱线织成坯布,再进行漂白和印染等后整理加工的面料;而色织是将经、纬纱线先染色,再进行织造和后整理的面料,又分为全色织和半色织两种。由于纱线先染后织,所以这类面料色牢度高、染色均匀。区分色织面料与印染面料主要看面料的反面,色织面料正反色泽一致,而印染面料正面色泽鲜艳、清晰,反面颜色暗淡、模糊,见图 2-2-3。

　　根据纱支粗细的不同,平布可分为粗平布、中平布和细平布,其中,细平布纱支较细,布面杂质少,手感细洁挺爽,质地紧密耐磨,布身轻薄柔软,穿着凉爽舒适,因而制作衬衫主要用细平布,见图 2-2-4。

色织棉布

印花棉布

金属涂层麻布

图 2-2-3　平布外观特征

粗平布：面料厚实、硬挺、耐磨，主要用于
家居装饰和床上用品

细平布：布面织纹细密，柔软亲肤，
常用于各式衬衫

府绸：布面细腻有光泽，挺括爽肤，
常用于高档衬衫和床上用品

棉麻布：身骨硬挺、凉爽，不粘皮肤，朴实
自然，常用于休闲衬衫

图 2-2-4　常见平纹类棉布及其运用

知识链接

CVC 面料与 T/C 面料的区别

CVC 面料与 T/C 面料均由棉与涤纶短纤的混纺纱线织造而成。棉/涤混纺面料综合了棉与涤纶各自的优点,具有外观挺括、耐穿耐用、尺寸稳定、易洗快干等优点,但吸湿性和透气性比纯棉织物有所下降。因此,棉与涤纶的混纺比例不同,混纺织物的性能会有一定的差异。棉/涤混纺面料常用的混纺比例有 65∶35、55∶45、50∶50、35∶65 和 20∶80,一般将棉含量高于涤纶的面料称为 CVC 面料,反之称为 T/C 面料。在实际生产中,习惯上将棉含量达 60％以上的面料统称为 CVC 面料,涤纶含量达 60％以上的统称为 T/C 面料。

2. 牛津纺

是以英国牛津大学的名字命名,该面料曾是该校学生制服中衬衫的专用面料。牛津纺用途广泛,除可用于制作服装外,还可用于制作各类箱包。服装用牛津纺主要以精梳棉和棉混纺纱线为原料,以纬重平或方平组织交织而成。采用色织工艺,其特色在于经纬两个方向纱线的粗细和颜色不同,一般是经细纬粗,色经白纬或浅纬,织物呈双色效应,表面有比较明显的纬向颗粒,风格独特。织物手感柔软、平挺保形、透气性好、穿着舒适,常用于制作制服衬衫及休闲衬衫等,见图 2-2-5。

图 2-2-5　牛津纺外观特征及其应用

3. 人造棉

人造棉最大的优点是纱线条干均匀,因而布面疵点很少,细洁平滑。另外,人造棉的光泽、悬垂性、染色性能、色牢度和吸湿性均比棉布好,穿着凉爽舒适,色彩鲜艳。但人造棉的缩水率大,湿强度低,弹性差,易起皱,导致其服装的保形性差,主要用于夏季休闲衣裙、家居服及婴幼儿服装等,见图 2-2-6。

图 2-2-6　人造棉外观特征及其应用

4. 电力纺

以桑蚕丝为原料或桑蚕丝与人造丝交织,其经纬丝一般不加捻或加弱捻,织物表面手感滑爽,光泽柔和,质地紧密细洁、轻薄飘逸、略透底,吸湿性好但吸汗后易粘身且透气性下降,织物的抗皱性也较差,故常通过水洗或砂洗等处理工艺从而改善其服用性能,经砂洗或水洗后,织物表面出现细绒,光泽下降但穿着舒适性提高,常用于制作休闲衬衫、裙子、丝巾等,也可用于高档服装的里料,见图2-2-7。

电力纺　　　　　　　　　　砂洗电力纺　　　　　　　　　电力纺休闲衬衫

图 2-2-7　电力纺外观特征及其应用

 知识链接

面料的收缩性

面料在放置、熨烫或洗涤过程中,其经纬向尺寸会发生一定的收缩变形,即为收缩性,常用收缩率表示。面料的收缩率主要取决于纤维成分、组织结构、密度及加工工艺等因素。在加工与使用过程中,面料产生的收缩主要有:

(1)自然收缩　织物放置在自然状态下,由于空气中水汽的作用,织物经纬向所产生的收缩。

(2)水洗收缩　即人们常说的缩水,常用缩水率表示缩水程度。缩水率主要与纤维的吸湿性、织物组织结构、纱线的性能及加工工艺条件等因素有关。常见面料的缩水率见表2-2-1。

表 2-2-1　常见面料的缩水率一览表

织物品种	缩水率(%)	
	经向	纬向
棉平布	6	2.5
棉纱卡其、纱华达呢、斜纹布	6.5	2
棉丝光平布	3.5	3.5
丝光哔叽、斜纹、华达呢	4	3
丝光线卡其、线华达呢	5.5	2

（续表）

织物品种	缩水率(%)	
	经向	纬向
色织条格棉府绸	5	2
真丝织物	5	2~3
真丝绉线和绉纱织物	11	5
纯毛或羊毛含量70%以上的一般粗纺呢绒	3.5~4	3~3.5
精纺呢绒	3.5~5	3.5~5
人造丝和真丝交织织物	8	3
涤/棉混纺平布	1.5	1
涤/黏中长化纤布	2~3	2~3

（3）熨烫收缩　在加工过程中，面料因黏衬或定形的需要，会反复受到湿和热的作用，故其经纬向产生收缩。熨烫收缩率主要与纤维的热融性和吸湿性等因素有关。

5. 顺纡绉

以桑蚕丝、化纤丝或棉、麻纱线为原料，与双绉（参见本书第72页）不同的是，纬丝采用单向的强捻丝，经练染后，纬丝朝一个方向收缩扭曲，从而在绸面形成直向绉纹。布面绉感明显，富有立体感，手感柔软、舒适透气、悬垂性好、弹性好，缩水性好，常用于制作时装衬衫和裙装等，见图2-2-8。

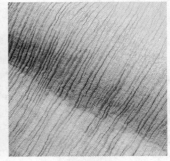

真丝顺纡绉　　　真丝、人丝交织剪花顺纡绉　　　棉纱顺纡绉

图2-2-8　不同原料顺纡绉外观特征

6. 乔其纱

乔其纱的特点是经纬密度很小，经纬丝均采用不同捻向的强捻丝线并以2S2Z的规律交替排列，织物质地轻薄稀疏，表面有均匀绉状颗粒纱孔，悬垂飘逸、吸湿透气，穿着凉爽舒适，适宜作夏季女衣裙、衬衫及婚纱礼服等，见图2-2-9。根据原料的不同，可分为真丝乔其纱、真丝与化纤交织乔其纱以及纯化纤乔其纱。需要注意的是，纯真丝织物的耐光性较差，

在阳光曝晒下易褪色变黄,洗涤后宜在通风阴凉处阴干。另外,织物耐弱酸不耐碱,宜用中性或弱酸性洗涤剂洗涤。

真丝素色乔其纱　　　　　　交织剪花乔其纱　　　　　　交织缎条烂花乔其纱

图 2-2-9　乔其纱代表品种外观特征

知识链接

织物的耐光性和耐热性

（1）耐光性　指织物在光照作用下保持其物理、机械性能的能力。光线中短波长、高能量紫外线的辐射会使织物中的纤维氧化裂解,也会使染料氧化分解。因此,光照会使织物的强度和色泽受到一定的损伤。

织物耐光性能的好坏,主要取决于纤维成分。一般情况下,化学纤维的耐光性比天然纤维好。天然纤维中,桑蚕丝的耐光性最差,因此桑蚕丝服装洗涤后不能在阳光下曝晒,宜在通风阴凉处阴干,否则织物易泛黄发脆;麻织物的耐光性最好,其次是棉、羊毛织物。化学纤维中,腈纶的耐光性最好,其次是涤纶,因此帐篷、阳伞和窗帘等户外用织物常用腈纶、涤纶作为主要原料;锦纶的耐光性最差,光的长时间照射会使锦纶纤维发黄变脆,强力和弹性也会下降。黏胶纤维的耐光性比锦纶好,但比腈纶、涤纶差。

（2）耐热性　指织物在高温下保持自身物理、机械性能的能力。织物受热后,强度会有所下降,在低温时,织物仅出现物理变化,但随着温度的升高,织物逐渐发生化学变化。强度下降的程度随温度、时间和纤维种类的不同而有所差异。服装生产过程中的定形与归拔工艺就是利用了面料这一特性。在湿热状态下,将织物加热压成一定的形状并迅速冷却,织物就会以这一形式固定下来,即为热可塑性。热可塑性好的织物,服装熨烫后就能具有一定的挺括度。

织物的耐热性和热可塑性主要决定于其纤维的成分。天然纤维中棉、麻、丝的耐热性较好,羊毛的热可塑性很好。对于合成纤维而言,大部分的耐热性与热可塑都较好。

7. 斜纹类面料

斜纹衬衫面料花色品种很多,织物组织以简单斜纹或变化斜纹、急斜纹为主,布身有明显的斜向纹路或隐条隐格,经纬密度一般比平纹类面料大,织物身骨比平纹类面料厚实挺括,弹性、抗皱性比平纹类面料好,服装的保形效果更好,常用于制作对保形性要求较高的商务衬衫、正装衬衫或要求结实耐磨的休闲衬衫等,见图 2-2-10。代表品种有斜纹衬衫布、隐条纹衬衫布、斜纹绸及牛仔布等。

重磅真丝斜纹绸　　　　　　涤棉斜纹布　　　　　　色织人字斜纹棉布

图 2-2-10　斜纹类衬衫面料外观特征

8. 缎纹类面料

织物组织采用浮长较长的缎纹及其变化组织,原料以棉、桑蚕丝和化纤长丝为主,经纬密度比同类平纹、斜纹大,织物正面交织点少,故表面手感平滑细腻,富有光泽,反面光泽暗淡,正反差别明显,主要用于制作夏季衬衫、裙装和高档睡衣等。主要品种有贡缎、素软缎、素绉缎以及色丁等,见图 2-2-11。

贡缎:采用缎纹组织,以棉及其混纺纱为原料,布身厚实挺括,织纹清晰,光泽是棉织物中最好的,常用于高档衬衣以及床上用品等

真丝素绉缎:采用缎纹组织,平经绉纬,布面光泽柔和深邃,表面有若隐若现的绉纹颗粒,织物爽挺舒适,弹性较好,常用于高档衬衫、裙装和睡衣等

涤丝色丁:采用缎纹组织,颜色鲜艳,富有光泽,其光泽比真丝缎生硬,手感滑顺,弹性好,不易起皱,摩擦易产生静电,常用于各式女装、睡衣及内衣等

图 2-2-11　缎纹类衬衫面料外观特征及其应用

9. 灯芯绒

又叫条绒,因其织物表面有圆润丰满、条状耸立的绒毛而得名。条绒宽度可细可粗,原料一般以棉为主,或与涤纶、腈纶等纤维混纺或交织而成。织物表面光泽柔和自然,手感丰富柔软,风格温暖朴实,织物反面无绒条,常用于制作休闲衬衫,见图 2-2-12。

细条灯芯绒　　　　　　　　子母条灯芯绒　　　　　　　菠萝格灯芯绒

图 2-2-12　不同结构灯芯绒外观特征

二、功能性衬衫面料

1. 免烫面料

将高支高密纯棉或涤棉面料经过特殊抗皱免烫技术整理,使织物的弹性提高,抗皱性能增强,洗涤后免熨烫而不起皱。经过抗皱整理的面料,由于各种助剂的作用,织物的光泽、手感与舒适性也得到了相应的改善,提高了织物的品质和档次,常用于制作各类高档衬衫,见图 2-2-13。

2. 复合面料

通过复合工艺,将两层或多层不同原料、不同结构的材料复合在一起,成为一种新的材料。目前许多保暖衬衫使用的就是棉型或毛型织物与毛绒类织物复合而成的面料,其表面与普通衬衫面料一致,内层为绒毛,从而具有非常好的保暖效果,见图 2-2-13。

高支纯棉免烫衬衫　　　　　灯芯绒与绒布复合面料　　　　涤纶速干衬衫

图 2-2-13　功能性衬衫面料

3. 速干面料

主要采用异形涤纶、锦纶等化学纤维为原料,结合特殊的组织结构,使面料具有很强的吸汗排汗功能,能及时将人体运动产生的汗液传导出去以保持皮肤的干燥清爽。常用于制作户外运动衬衫和 T 恤等,见图 2-2-13。

三、其他衬衫面料

1. 丝光棉

为改善棉布的光泽,在棉布经纬方向都受到张力的情况下,用浓烧碱或者其他强碱性化学试剂进行处理,使棉纤维的形态发生变化,纤维排列更加整齐,对光线的反射更有规律,从而使布面光泽度增强,呈现出丝绸般的光泽,常用于制作中高档衬衫,见图 2-2-14。

普通棉布

经丝光处理的棉布

普通棉纱针织汗布

丝光棉针织汗布

图 2-2-14　丝光棉外观特征

2. 香云纱

又名莨纱,常用于制作高档中式衬衫、旗袍和便服,见图 2-2-15。

薯莨:香云纱的染料原料,利用薯莨汁中的单宁酸和凝胶与河塘泥发生化学反应,在织物表面形成乌亮且薄薄的一层沉淀物

素色香云纱:正面为黑色,反面为棕褐色,表面有晒莨时河泥不规则龟裂产生的裂纹,摩擦时会沙沙作响

印花香云纱:色泽沉稳,绸身挺括有弹性,穿着凉爽舒适不沾皮肤,越洗越柔软且越亮泽,有面料中的"软黄金"之称

图 2-2-15　香云纱外观特征

3. 泡泡纱

其最大特征就是布面均匀密布凹凸不平的圆点状或条状泡泡,织物风格活泼可爱,穿着时不贴身,洗后不用熨烫,透气、凉爽,常用于制作夏季童装、男女衬衫和时装等,见图2-2-16。

织造泡泡纱：利用上机张力不同的两个经轴织造，一松一紧，在布面形成松紧相间的条状泡泡

碱缩泡泡纱：用碱液糊印圆点图案，织物上受碱作用的部分收缩，从而在布面形成凹凸状圆点泡泡

泡泡纱童装：富有肌理感，活泼可爱，凉爽舒适，但洗涤时不宜用力搓洗和拧绞，以免影响泡泡牢度

图 2-2-16　常见泡泡纱品种及其外观特征

4. 拉绒面料

指棉坯布经拉绒处理，在织物表面形成一层蓬松绒毛的织物。面料柔软厚实，保暖舒适，常用于制作休闲衬衫、家居服和婴幼儿服装。绒布有单面绒与双面绒之分，织物组织以平纹和简单斜纹为主，见图 2-2-17。

5. 蕾丝

蕾丝属于针织提花织物，有经编与纬编之分，大部分蕾丝属于经编提花织物。蕾丝的原料广泛，如棉、麻、丝、毛及一些特殊材料，如金属丝、氨纶丝等，因此蕾丝产品的风格多变，或性感妩媚，或甜美活泼，或富贵奢华，广泛用于妇女的内外衣、童装、礼服及家居装饰等，见图 2-2-18。

图 2-2-17　色织拉绒棉布

若隐若现的蕾丝衬衣，更加衬托出女性的妩媚与性感

蕾丝花边运用在休闲风格的卫衣上，凸显出少女的活泼与可爱

蕾丝与碎花面料组合，赋予田园风格的服装时尚、浪漫之感

图 2-2-18　蕾丝及其运用

由于蕾丝采用网眼组织，其表面粗糙且布满孔洞，容易相互缠绕或被异物钩住，因此尽量不要放入洗衣机清洗。清洗前，看清蕾丝的纤维成分标志，根据纤维成分选择合适的洗涤剂。另外，蕾丝多用于制作裙装和衬衫，较少用于制作裤装，因为蕾丝表面的浮纱较长，

经常摩擦会导致蕾丝起毛,同时臀部的织纹容易被压平,影响服装外观。

拓展训练

面料的缩水率测试

1. 测试方法

为确保服装尺寸稳定,在生产前需要对面料的缩水率进行测试。测试方法如下:

● 抽取生产服装所需面料 10％左右的布匹,从每匹布上剪下 15 cm×15 cm 的小样(不要布边),同时在小样上画出经纬向记号并标上对应布匹的编号。

● 将所有小样用线缝成一串,按照常规成衣洗水工艺洗涤。

● 测定每块小样水洗后的长度和宽度,并分别计算其经纬向缩水率。

$$缩水率 = \frac{水洗前小样长(宽) - 水洗后小样长(宽)}{水洗前小样长(宽)} \times 100\%$$

如果每块小样测得的缩水率相同或相近,则以其平均值作为该面料的缩水率进行工艺与样板设计。若各小样的测量值相差太大,就需要按照以上方法测试每匹布的缩水率并分档归类,重新制作适合各种缩水率的服装样板。

2. 小样试验

五个同学一组,每组领取四块小样,将小样充分浸润洗涤,晾干后测量其经纬向长度,分别计算出其经纬向的缩水率,并比较:

(1)同种面料的经向与纬向缩水率,哪个大?

(2)不同面料的缩水率,哪种大?

思考与练习

1. 简要说明棉布与人造棉的区别。

2. 试分析双绉与顺纤绉的起绉原因并说明两种织物外观上有什么差异。

3. 什么叫复合面料? 什么叫丝光棉布?

4. 试分析泡泡纱表面泡泡形成的原因。

5. 试推测下列服装采用的是何种面料,并分析相同款式的服装还可以用哪些面料代替?

任务二　衬衫面料的选配

┈┈┈┈┈┈┈┈

　　面料是决定衬衫服用性能与档次的重要因素,不同品种面料的原料、结构、后处理工艺不同,其性能、风格、价格也将大相径庭。进行面料选配的目的就是通过对面料性能、质地、风格及价格等方面的比对,从而选择符合服装穿着需求、设计理念与工艺条件的面料。同学们要做到合理选配面料,必须熟悉与掌握各类面料的特性。

┈┈┈┈┈┈┈┈

　　服装有其不同的穿着对象和要求,面料也有其不同的性能和特点,只有服装与面料协调配合,才能更好地诠释设计理念并实现服装的功能,因此,面料的选配是服装设计的一个重要环节。衬衫面料的选配主要从五个方面考虑:安全卫生性、服用舒适性、风格与用途以及档次,我们需要针对不同的穿着对象、用途、销售价格及流行趋势,选配合适的面料。

一、安全卫生性

　　纺织产品在印染和后整理等加工过程中要加入染料、助剂等整理剂,这些整理剂或多或少地含有或会产生对人体有害的物质。当有害物质残留在纺织品上并达到一定量时,就会对人们的皮肤甚至人体健康造成危害。我国现行国家强制性标准 GB 18401—2010《国家纺织产品基本安全技术规范》,根据不同种类纺织产品的使用状态,将其划分为 A、B、C 三类:A 类是指婴幼儿用品,即供年龄在 36 个月及以下的婴幼儿使用的纺织产品;B 类是指直接接触皮肤的产品,即在穿着或使用时,产品的大部分面积与人体皮肤直接接触的纺织产品;C 类是指非直接接触皮肤的产品,即在穿着或使用时,产品不直接与人体皮肤接触或仅有小部分面积与人体皮肤直接接触。各类纺织产品的基本安全技术要求见表 2-2-2。衬衫属于直接接触皮肤穿着的服装品类,需选择至少达到 B 类要求的面料,我们可要求面料供应商提供由国家纤维检验局或有资质的第三方检验机构提供的相应检测报告。

二、服用舒适性

　　服用舒适性是指服装在穿用过程中,人体对面料的触感及温湿度变化时的舒适感,它是穿着者对面料服用性能指标的综合性主观评价,主要涉及面料的透气性、透湿性和保暖性,这些性能指标主要取决于织物结构、原料成分和后处理工艺等因素。服装的穿着对象、用途和穿着季节不同,选料的侧重点也应不同。如婴幼儿皮肤幼嫩,对外界各种刺激的抵抗力弱,服装主要起保护功能,因此,婴幼儿穿用的恤衫一般选用吸湿透气性好、柔软舒适的棉型织物,如细布、拉绒布、针织汗布等;老年人行动迟缓、反应能力下降,机体调节能力也下降,对服装的基本要求是健康保健、穿着舒适、活动方便、易护理,因此,老年人衬衫一般选择吸湿透气,舒适自然、洗护方便的天然纤维、人造纤维及其混纺、交织的面料,如棉麻布、人造棉、灯芯绒、丝绸及针织面料等。夏季天气炎热,人体易出汗,衬衫面料以透气、透湿、凉爽以及不沾皮肤为佳,因此常选用轻薄透气、耐光性好的棉型、麻型织物;而冬季天气寒冷,衬衫面料以透气、透湿、亲肤、保暖为佳,因此常选用组织结构丰满厚实的棉型、毛型或具有保暖功能的面料。

 知识链接

A、B、C 三类服装的安全要求

表 2-2-2 《国家纺织产品基本安全技术规范》的技术安全要求

项目		A 类	B 类	C 类
甲醛含量(mg/kg)≤		20	75	300
pH[a] 值		4.0～7.5	4.0～8.5	4.0～9.0
色牢度[b](级)≥	耐水(变色、沾色)	3～4	3	3
	耐酸汗渍(变色、沾色)	3～4	3	3
	耐碱汗渍(变色、沾色)	3～4	3	3
	耐干摩擦	4	3	3
	耐唾液(变色、沾色)	4	—	—
异味		无		
可分解芳香胺染料[c]		禁用		

a. 后续加工工艺中,必须经过湿处理的非最终产品,pH 值可放宽至 4.0～10.5。
b. 对需经洗涤褪色工艺的非最终产品、本色及漂白产品不要求;扎染等传统的手工着色产品不要求;耐唾液色牢度仅针对婴幼儿纺织产品。
c. 可致癌芳香胺限量值≤20 mg/kg。

三、服装风格与用途

服装面料是设计师诠释流行主题和体现服装风格的基本载体,优秀的服装设计作品应是面料风格与服装风格相得益彰、浑然一体。面料的风格主要表现为视觉风格(包括肌理、光泽、悬垂性、厚薄、色彩和图案等)和触觉风格(包括冷暖、软硬、细腻、粗糙和弹性等)两个方面,因此,设计师在选配面料时,既要了解面料的性能参数,又要善于通过手感和目测来判断面料的风格特性,只有搭配得当,才能使服装的风格、意韵和情感得到充分表现。根据衬衫风格和用途的不同,将其分为三大类:时装衬衫、正装衬衫和休闲衬衫。

1. 时装衬衫

时装衬衫有着鲜明的时代感和创新性,强调在款式造型、面辅料运用及制作工艺等方面与流行趋势同步。因此,时装衬衫造型多变,风格各异,在选用面料时主要根据其设计风格与流行趋势而定。如浪漫风格衬衫常用轻薄飘逸、悬垂性好的乔其纱、双绉、巴厘纱和蕾丝等面料；田园风格衬衫常用自然朴实的棉型、麻型面料；奢华风格衬衫则多用富有光泽、图案华丽的真丝绸缎、提花面料和蕾丝面料等；中式风格衬衫一般选择图案、色彩富有民族风格的桑蚕丝及其与棉、麻、人造丝交织的面料，棉型、麻型面料等，见图2-2-19。如今，人们对服装个性化、多样化的需求越来越明显和强烈，服装面料的使用已不拘一格，将不同风格、不同质感的面料组合运用，对面料进行二次创造等设计手段在服装设计中屡见不鲜，因此，在实际生产中，选配衬衫面料我们既要掌握规律，又要善于创新。

羊绒面料衬衫：质感极佳的温暖羊绒斜纹面料使衬衫穿着期延长，它可简单地作为轻盈的夹克穿着，对比色贴袋，彰显实用主义美感

交织缎衬衫：兼具真丝质感和化纤身骨的交织缎，人体若隐若现，衣袖为中国风数码定位印花，烘托出时尚优雅和性感浪漫之感

面料组合：在简洁、硬朗、薄透的夹克风格衬衫上，用温暖的针织面料进行碎褶造型，形成质感、色彩、风格上的鲜明对比，富有个性

图2-2-19　时装衬衫的面料运用

2. 正装衬衫

主要指出席正式或严肃场合，搭配西服、礼服和制服等正装的衬衫。这类衬衫要求面料质地细腻、光泽柔和、挺括保形、简洁典雅，因此，多选用高支精纺纯棉及其混纺、交织面料及丝绸面料等，如府绸、条纹衬衫布、精细牛津纺、香云纱及贡缎等面料，见图2-2-20。

棉涤高支条纹制服衬衫　　　　纯棉高支府绸礼服衬衫　　　　真丝顺纡绉衬衫

图2-2-20　正装衬衫面料运用

3. 休闲衬衫

主要指在家居和户外休闲时穿着的衬衫。这类衬衫要求面料穿着舒适、自然大方、结实耐磨，因此，多选用风格朴实的棉型、麻型面料或经砂洗、水洗等做旧处理的丝绸面料。如棉、麻平布，牛仔布，牛津纺、灯芯绒、轻薄型针织面料，砂洗或水洗电力纺等，见

图 2-2-21。

灯芯绒衬衫   砂洗格子牛仔布衬衫   扎染亚麻休闲衬衫

图 2-2-21 休闲衬衫面料运用

四、衬衫档次与面料选择

衬衫的档次体现在外观品质和内在品质两个方面,外观品质主要表现为选料上乘、款式新颖、细节完美、做工考究,内在品质主要表现为穿着舒适、环保健康。因此,可以说面料的品质是决定衬衫档次的先决条件。高档衬衫对面料的质感、光泽、舒适性要求较高,常选用高支高密的精纺纯棉面料、桑蚕丝及其交织面料、羊绒及其混纺面料等,如高支长绒棉府绸、丝棉斜纹绸、纯棉精细牛津纺、真丝乔其纱、重磅双绉等;而低端衬衫由于销售价格的限制,因此控制成本是选料的先决条件,故常选用价格便宜的棉及其混纺面料、纯化学纤维面料,如棉细布、棉麻平布、纱卡、TC 斜纹布等。

▍任务评价

你是否达到本阶段的学习目标?达到了就美美地给自己画个"☺",基本达到画"☺",没有达到画"☹",继续努力吧!

序号	任务目标	是否达到
1	了解衬衫面料选择时要考虑五方面的因素	
2	了解衬衫风格、用途与面料选择的关系	
3	大致了解衬衫面料的档次	

自我综合评价:

▍任务拓展

1. 到当地面料市场收集尽可能多的衬衫面料小样,并制作成小样卡。

面料小样	品名	主要成分	幅宽	市场价格	用途举例
小样粘贴处					
小样粘贴处					
小样粘贴处					

2. 请从造型、风格、用途及面料特点等方面,分析下列款式适宜选用哪些类型的面料?

平面款式效果图	风格特点分析	适合的面料

（续表）

平面款式效果图	风格特点分析	适合的面料

思考与练习

1. 简述衬衫面料选配的依据。
2. 什么叫服用舒适性？试比较纯棉面料衬衫与涤纶面料衬衫的服用舒适性。
3. 举例说明衬衫风格的不同对面料选择的要求。

任务三 面料外观识别

任务导入

面料正反面、经纬向及花色或绒毛的倒顺不同，其色泽深浅、图案清晰度、织纹效果以及弹性、悬垂性等都有一定的差异，这将直接影响成衣质量。因此，面料在排料、裁剪前，我们不仅要区分出正反面，还要了解辨别的经纬向，对于图案花纹或绒毛有倒顺要求的面料更要找出其倒顺，以避免造成难以挽回的损失。对于面料在织造和印染整理过程中产生的病疵，要进行标识、校正或裁除，裁剪时严格按照各类产品标准的要求控制使用部位。因此，在服装企业中，对面料外观的识别主要包括正反面、纱向、倒顺以及病疵四个方面的内容。

任务实施

一、面料正反面的识别

识别面料正反面的方法很多，主要根据织物组织结构特征、花纹与色泽、布面特征以及布边、出厂商标贴头、印章等方面来识别。制作服装时，通常将面料的正面作为服装的正面。但有时，设计师为了达到某种特殊效果，偶尔会用面料的反面作为服装正面。

1. 根据织物组织结构特征识别（图 2-2-22）

（1）平纹织物：织物组织结构无正反之分，一般将结头和杂质少、平整光洁、色泽匀净的一面作为正面。

（2）斜纹织物：主要依据纹织的斜向和清晰度区分。常规情况下，单纱斜纹织物如纱卡，正面为左斜纹；半线织物或全线织物如牛仔布，正面为右斜纹。斜纹织物有单面斜纹和双面斜纹之分，单面斜纹织物正面光洁平整，斜向纹理清晰，纹路饱满突出，反面织纹模糊不清，斜向相反；双面斜纹织物正反面纹路基本相同，但斜向相反。

（3）缎纹织物：正反面区别明显，平整、光滑、紧密、光亮的一面为正面，比较稀松、暗淡、毛糙、光泽差的一面为反面。

（4）其他组织织物：一般而言，正面花纹比较清晰、完整，立体感强，纱线浮长比较短，布面也比较平整光洁;反面则较为粗糙,浮长长且花纹有时较模糊。

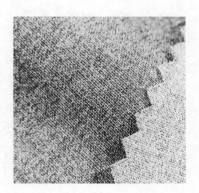

平纹:正反织纹相同,以光洁、饱
满的一面为正面

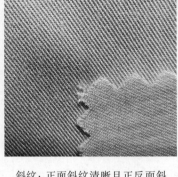

斜纹:正面斜纹清晰且正反面斜
向纹路方向相反

缎纹:正面织纹清晰、色泽光亮,
反面光泽暗淡

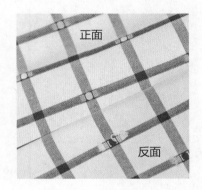

其他组织:正面织纹清晰、光洁,
反面较为粗糙

图 2-2-22　根据组织结构识别面料正反面

2. 根据花纹与色泽识别

织物正面图案清晰、洁净,花纹层次分明,线条轮廓精细,色泽鲜艳生动;而反面花纹较暗淡、模糊,光泽也较差,较厚实的织物反面不显花纹或花纹断断续续。

3. 根据表面肌理特征识别(图 2-2-23)

(1)起绒织物:如灯芯绒、丝绒、平绒等,其正反面区别明显,织物正面绒毛耸立、密集,光泽柔美,手感丰满、舒适;反面一般不起绒,露出地组织,手感较粗糙,色泽较差。

(2)拉毛、磨毛织物:有单面拉(磨)毛和双面拉毛之分,单面拉(磨)毛织物以有绒毛的一面为正面;双面拉毛织物以绒毛整齐、疏密均匀的一面为正面。

(3)提花、烂花、剪花等织物:正面图案精密细致,花型完整、饱满,边缘轮廓清楚,浮长均匀,色泽均净美观;反面图案模糊,织纹不清或浮长较长。

(4)复杂组织织物:图案清晰、花型饱满、立体感强或肌理效应更明显的一面为正面。

起绒织物：正面绒毛耸立，手感丰满；反面一般不起绒，露底，色泽较差

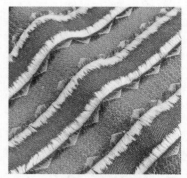

剪花织物：正面浮长线均匀，边缘轮廓清晰，图案精致

双层织物：正面图案清晰、饱满，立体感强，装饰效果明显

双面织物：正反均可使用的面料，根据设计效果来确定正反面

图 2-2-23　根据组织表面肌理特征识别面料正反面

4. 其他识别方法（图 2-2-24）

（1）根据布边识别：正面布边比反面更平整，布边向下卷曲，针眼向下，针洞边缘光洁；反面布边粗糙，布边向里卷曲，针眼向上，针洞边缘粗糙。有些高档面料的布边织有数字或文字，正面的数字或文字清晰、明显，而反面的数字或文字比较模糊，字体呈反写状。

有幅撑针洞的布边

织文字的布边

布匹商标贴纸

图 2-2-24　其他识别面料正反面的依据

（2）根据商标和印章识别：整匹面料出厂前检验时，一般都粘贴产品商标贴纸或盖有检验印章，内销面料一般贴在或盖在织物的反面，外销则盖在织物的正面。

总之，识别面料正反面的依据很多，对于难以区别正反的织物，要善于使用多种方法进行综合判识。

二、织物经纬向的识别

经纬向不同，织物的性能有一定差别。经向不易伸长变形，挺括，自然垂直，一般用作衣服的长度方向；纬向略有收缩，易窝服，常用作衣服的横向（即人体的围度方向）；斜向具有伸缩性大、弹性和悬垂性好的特点，常用于制作大摆裙，包边、镶边用织物斜向效果很好。因此，准确识别织物的经纬向，对制作服装来讲非常重要。

1. 根据布边识别

如果布料有布边，与布边平行的方向为经向，与布边垂直的方向为纬向。

2. 根据纱线的特性识别

在织造过程中，经纱要受到反复拉伸，为确保织造正常进行，一般情况下，经纱的性能优于纬纱，可据此特征识别经纬向。

（1）对单纱和股线交织的织物，通常股线方向为经向，单纱方向为纬向。

（2）单纱织物的经纬向捻向不同时，则 Z 捻向为经向，S 捻向为纬向；经纬纱的捻度不同时，则捻度大的多数为经向，捻度小的为纬向。

（3）若织物的经纬纱粗细、捻向、捻度都相差不大时，则纱线条干均匀、光泽较好的为经向。

（4）对于不同原料的交织物，经纱一般选用性能更优良的原料。如棉麻交织物中，棉为经纱；丝毛交织物中，丝为经纱；天然丝与人造丝交织时，天然丝为经纱。

3. 根据织纹图案识别

对于花纹图案或文字有方向性的织物，上下方向即为经向，与经向垂直的方向为纬向。对于灯芯绒、条子织物来说，长条方向即为经向。方格类织物中，格子略长的方向为经向。

4. 根据手感识别

用手拉扯织物，挺括且不易伸长的方向为经向，略有伸缩的方向为纬向。

5. 根据织物密度识别

通常情况下，服装在使用过程中，由于人体的各种活动，经向常会受到各种拉伸，对经向的强度要求较高。因此，一般密度大的方向为经向，密度小的为纬向。

三、面料倒顺的识别

为节约用料和方便铺料，大部分面料没有倒顺之分，但对于有方向要求的面料，在铺料时必须区分出倒顺，然后按规定的方向排料画样，以保证整件服装裁片的倒顺一致，否则会严重影响服装的外观效果，见图 2-2-25。

1. 图案或文字有倒顺的面料

对于带有方向性图案和文字的印（织）花面料，可依据文字和图案的方向确定面料倒顺，然后按照工艺单要求的方向铺料，不能随意颠倒。

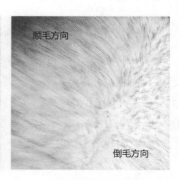

图案无倒顺的面料　　　　　　图案有倒顺的面料　　　　　　毛绒面料的倒顺区分

图 2-2-25　面料倒顺的识别

2. 毛绒有倒顺的面料

表面有毛绒的面料，如灯芯绒、丝绒、长毛绒等，其顺毛方向手感滑顺，毛绒倒向一致，平顺贴服，反光强，视觉颜色较浅；倒毛方向手感糙涩，毛绒耸立，方向各异，反光弱，视觉颜色就较深。同一件服装如面料毛绒倒顺不一致，因反光效果不同，色泽就深浅不一。因此，裁剪时须确保整件服装裁片的绒毛倒顺一致，不能随意颠倒排料。不过，有时设计师为达到某种特殊效果，也可以在同一件服装上使用不同的绒毛方向，因此，铺料时面料倒顺毛方向的使用，须以工艺单的要求为准。

3. 其他有倒顺的面料

对于有闪光效应的面料，铺料前必须注意观察倒顺方向不同时，其闪光效应是否一致，须确保整件服装裁片的闪光效果一致；对于不对称格子的面料，须严格按工艺单的指示确定的倒顺方向铺料。

四、布面常见病疵的识别

服装企业面料进厂后，都要进行数量清点以及外观和内在质量的检验，符合生产要求的才能投产使用。外观上主要检验面料是否存在破损、污迹、织造疵点、色差等问题，并在发现病疵的位置用红色箭头标示，以便在铺料画样时合理使用。不同种类服装对于各部位允许存在的疵点都有严格要求，图 2-2-26 为国家标准 GB/T 2660—2008 中衬衫允许疵点部位划分示意图，不同编号的部位对面料上疵点允许的程度不同，0 号部位为最明显部位，不允许有任何疵点；3 号部位为不明显部位，要求相对较低；1、2 号部位介于两者之间。这个标准是对衬衫品质的最低标准，不同品牌、不同档次的产品，都必须满足或高于此标准。

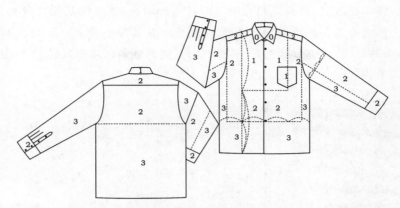

图 2-2-26 衬衫允许疵点程度的部位划分示意图(依据 GB/T 2660—2008)

🔖**知识链接**

衬衫各部位允许疵点程度说明

2-2-3 衬衫各部位允许疵点程度说明　　　　　　　　　　　单位：cm

疵点名称	各部位允许疵点程度			
	0 号部位	1 号部位	2 号部位	3 号部位
粗于 1 倍 粗纱 2 根	0	长 3.0 以内	不影响外观	长不限
粗于 2 倍 粗纱 3 根	0	长 1.5 以内	长 4.0 以内	长 6.0 以内
粗于 3 倍 粗纱 4 根	0	0	长 2.5 以内	长 4.0 以内
双经双纬	0	0	不影响外观	长不限
小跳花	0	2 个	6 个	不影响外观
经缩	0	0	长 4.0 宽 1.0 以内	不明显
纬密不均	0	0	不明显	不影响外观
颗粒状粗纱	0	0	0	0
经缩波纹	0	0	0	0
断经断纬	0	0	0	0
搔损	0	0	0	轻微
浅油纱	0	长 1.5 以内	长 2.5 以内	长 4.0 以内
色档	0	0	轻微	不影响外观
轻微色斑(污渍)	0	0	0.2×0.2 以内	不影响外观

　　布面病疵根据其形态和成因可分为纱疵、织疵和整理疵等几大类。纱疵是由含有杂质

的纤维纺成纱线而造成的；织疵是指在织造时产生的病疵；整理疵是指在印染、整理过程中产生的疵点。服装企业面料检验主要查看对裁剪及服装外观质量影响较大的色差、纬斜、疵点等病疵，如纬斜、纬弧、色差、色花、碎糙、油污、经纬纱粗细不匀及破损等，图 2-2-27 为面料常见病疵举例。

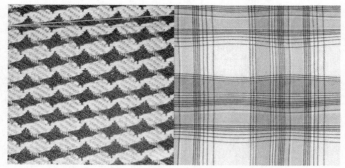

纬斜与纬弧：布面纬向纱线或花纹呈倾斜状或弧线状，它会严重影响成衣外观质量。因此，如纬斜或纬弧小于 2％或等于 3％的面料，裁剪前须经矫正整理后才能使用；如果大于 3％，则禁止使用

粗（细）纬：由于纬纱粗细不均匀，在布面产生无明显规律的横向纹路

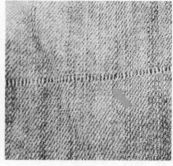

色柳：在布面经向呈现时隐时现、有规律或无规律、色泽深浅不一的直条或斜条

色花（色斑）：染色不均匀，从而在布面出现有规律或无规律、色泽深浅不一的斑块

稀纬、百脚：织造时纬纱缺少却未及时发现，从而在布面产生横向稀路，如多足爬虫

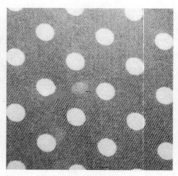

化开：布面上花型的色泽向四周渗开，使花型边缘模糊、不清晰

搭色：花型颜色沾在另一花上或地色上，或地色的颜色沾在花上

色渍：布面上呈现程度不同、形态各异的同色或异色点、块渍

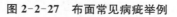

图 2-2-27　布面常见病疵举例

任务评价

你是否达到本阶段的学习目标？达到了就美美地给自己画个"☺"，基本达到画"☺"，没有达到画"☹"，继续努力吧！

序号	任务目标	是否达到
1	了解并掌握衬衫常用面料代表品种的特性	
2	老师分发的面料小样已全部掌握并能准确识别	
3	了解并掌握衬衫面料选配的依据与基本要求	
4	掌握不同风格衬衫面料选配的要求及常用面料品种	
5	能根据平面款式效果图选配合适的面料	
6	掌握面料正反面、经纬向及倒顺识别的方法并能正确识别	
7	各任务的思考与练习均能顺利完成且正确率高	
8	与小组成员协调配合，顺利完成了小组各项任务	

自我综合评价：

任务拓展

五个同学一组，老师给每组分发三种面料小样。请同学们仔细分析各小样，并完成下表。

织物小样	此处贴织物小样一，要求： (1) 只贴面料上端 (2) 表面为织物正面 (3) 经向为竖直方向，纬向为水平方向	此处贴织物小样二，要求： (1) 只贴面料上端 (2) 表面为织物正面 (3) 经向为竖直方向，纬向为水平方向	此处贴织物小样三，要求： (1) 只贴面料上端 (2) 表面为织物正面 (3) 经向为竖直方向，纬向为水平方向
织物类别分析			

（续表）

织物风格 分析			
用途举例			

思考与练习

1. 简述识别面料正反面的依据并举例说明。

2. 哪些类型的面料在使用时需要注意倒顺？

3. 服装企业对面料外观质量检验的主要内容有哪些？根据成因及形态的不同，布面疵点可分为哪几类？各自形成的原因是什么？

4. 什么叫纬斜？发现纬斜应如何处理？

项目三 外套面料运用

内容透视

　　外套指穿着在内衣、衬衫等外的外穿型服装。根据穿着季节不同,可分为春秋外套和冬季外套;按面料厚度可分为轻薄型外套、中厚型外套和厚重型外套;按服装长短可分为短外套、常规外套、中长外套和长外套等;按服装品类可分为西服、夹克、风衣、大衣及运动外套等。

总体目标

　　1. 了解棉、麻、丝、毛型面料的种类、原料、组织结构特点、风格特征及其在服装服饰上的运用;

　　2. 能根据外套款式特征选择并运用各种面料。

任务一 毛型面料在外套中的运用

任务导入

　　毛型面料习惯上称为"呢绒",外观挺括有型,弹性好,是外套类服装的理想面料。

任务实施

一、常用毛型面料的种类与外套运用

1. 华达呢

　　华达呢也称"轧别丁",是英文"Gabardine"的音译。它是精纺呢绒中的重要品种,用双股线,以斜纹组织织造而成,呢面光洁平整,纹路清晰挺直,斜纹间隔窄,且斜纹较粗壮突出。面料手感挺括滑糯,手感丰满,弹性好,耐磨性好,光泽自然柔和,悬垂感好。华达呢的经密是纬密的 2 倍左右,斜纹线呈 63° 倾斜。面料多为素色匹染,适宜制作西服、西裤、夹克、风衣、制服等挺括型服装,见图 2-3-1。其缺点是经常受摩擦或挤压的肘部、膝部、臀部

等部位的面料纹路易压平,从而产生极光,影响服装外观。

图 2-3-1　华达呢面料与外套款式图

2. 哔叽

哔叽是英文"Beige"的音译,意思是天然羊毛的颜色,也是精纺呢绒的重要品种。哔叽呢面光洁平整,纹路清晰,手感丰满,富有弹性。

哔叽与华达呢同为斜纹精纺毛织物,用途相似,都是制作春秋季挺括型西服套装、风衣等的理想面料。两者很容易区分:其一,哔叽经纬纱密度接近,斜纹角度约 45°;其二,哔叽斜纹间隔比华达呢宽,纹路也不如华达呢明显突出,见图 2-3-2。

图 2-3-2　哔叽面料和外套款式图

3. 贡呢

贡呢是由精梳毛纱织成的中厚型缎纹毛织物,是精纺呢绒中密度最大的品种,根据组织结构和表面纹路不同,可分为直贡呢、横贡呢和斜贡呢,直贡呢表面呈 15°倾斜纹路,横贡呢为 75°。贡呢具有经纬纱支细且密度大,织纹清晰,呢面平滑厚实,手感活络弹性好等优点,色泽以黑色为主,光泽乌黑发亮,可用于制作高档春秋大衣、礼服、男女套装等,因此又称为礼服呢,见图 2-3-3。

图 2-3-3 贡呢面料和外套款式图

 知识链接

弹 性

拉伸力作用于纤维,纤维就会产生相应的伸长,当外力作用一段时间后去除,纤维伸长部分能够回缩。在外力去除后能立即恢复的变形称为急弹性变形,外力去除后需要一段时间逐渐回缩的变形称为缓弹性变形,外力去除后不能消失的变形称为塑性变形。纤维弹性越好,变形恢复能力越强。用弹性好的纤维制作的服装具有较好的保形性,能够保持外观平挺不皱。

氨纶纤维是所有纤维中弹性最好的,采用这种纤维织造的面料特别适宜制作紧身服装,几乎在外力去除的同时就能回复原状;其次是锦纶、羊毛和涤纶,例如袜子大多采用锦纶或涤纶纤维为主要原料,棉袜、毛袜中加入一定比例的氨纶纤维。

在服装实际的使用过程中,所受到的作用力都较小且具有反复性、持久性。如果在使用过程中给服装充分的回缩与休息时间,能使其寿命延长。洗涤也是缓弹性变形的回复条件之一,因此勤洗勤换会使服装更加耐穿。

4. 麦尔登

麦尔登是粗纺呢绒中的主要品种,其名称来源于英国当时的纺织生产中心 Melton Mowbray,简称 Melton。麦尔登以斜纹或破斜纹组织织成,呢面平整细洁,表面有丰满密集的绒毛覆盖,不露底纹,手感丰厚柔软,质地紧密,身骨厚实,弹性好,不起球,耐磨性和抗皱性均较好。面料光泽自然,色泽鲜艳纯正,成衣风格雅致,保暖性好,适宜于制作冬季男女高档套装、大衣、制服等,见图 2-3-4。

5. 粗花呢

粗花呢属于色织粗纺呢绒面料,采用平纹、斜纹或变化等组织织成,表面有短绒毛覆盖呢面,呢面平整均匀,质地紧密厚实,富有弹性,色彩鲜艳,色调雅致,保暖性好。粗花呢品种较多,按外观有人字粗花呢、星点花呢和钢花呢等,按原料档次有高档粗花呢、中档粗花呢和低档粗花呢,适宜于制作春、秋、冬季男女和儿童外套、帽子等,见图 2-3-5。

图 2-3-4　麦尔登面料和外套款式图

图 2-3-5　粗花呢面料和外套款式图

6. 大衣呢

　　大衣呢属于厚重型粗纺毛织物,根据面料外观,可分为顺毛大衣呢、立绒大衣呢、拷花大衣呢和花式大衣呢等。顺毛大衣呢表面有整齐倒伏的绒毛;立绒大衣呢表面有密立平齐的绒毛,手感丰满;拷花大衣呢表面有人字或水波浪形的凹凸花纹。大衣呢面料手感柔软滋润,丰满而温暖,色泽饱满匀净,适宜于制作各类男女中高档冬季大衣,见图 2-3-6。

图 2-3-6　大衣呢面料和外套款式图

知识链接

保暖性

服装材料除满足遮身蔽体的基本功能需求之外,还应该能保暖御寒。保暖性是指物质阻止热量散发的性能,是服装材料的重要性能之一。

服装材料大多为纤维制品,纤维内部或纤维与纤维之间均有空气存在。面料内部包含空气的量称为含气量,含气量的大小决定了面料的保暖性。含气量受纤维种类、纱线结构和组织结构等因素的影响,是纺织纤维制品的特殊性能之一,它能使服装材料充分发挥保温和透气的功能。棉絮、丝绵和腈纶等之所以能保暖,就是因为膨松的组织结构中包含大量不会引起热对流的静止空气。绒布、灯芯绒、粗纺呢绒等的保暖性很好,也是因为面料表面覆盖的密集绒毛中包含有大量静止空气。

保暖性还与纤维导热系数有关。导热系数与含气量呈反比,如麻纤维导热系数比较大,因此保暖性差、散热快,适宜在炎热的夏季穿着。

二、其他毛型面料在外套中的运用

毛型面料厚薄区别很大,适合制作各类外套,如中薄型的凡立丁、派力司布面平整光

图 2-3-7 其他毛型面料外套款式图

洁,以制作春夏季西服为主;中厚型的华达呢、哔叽、法兰绒富有弹性,质地紧密,外观丰满细腻,以制作春秋季西服、外套、风衣为主;厚型的大衣呢、粗花呢等面料丰厚柔软,颜色纯正美观,保暖性好,以制作冬季大衣为主。图2-3-7列举的外套款式所使用面料依次是:花呢、格子花呢、海军呢、派力司、凡立丁、格子花呢。

任务评价

你是否达到本阶段的学习目标?达到了就美美地给自己画个"☺",基本达到画"☺",没有达到画"☹",继续努力吧!

序号	任务目标	是否达到
1	了解华达呢、哔叽、贡呢、麦尔登、粗花呢、大衣呢面料的特点及其适用范围	
2	能根据外套款式特点合理选配毛型面料	

自我综合评价:

_____

_____

任务拓展

1. 逛逛当地的服装面、辅料市场,收集各式毛型面料小样,并将收集到的小样制作成样卡。

面料小样	名称	主要成分	主要性能	用途	幅宽	市场价格
小样粘贴处						
小样粘贴处						
小样粘贴处						

2. 请从造型、风格、用途及面料特点等方面,分析图 2-3-8 所示外套适合哪些毛型面料。

风格特点分析	
适合的面料	

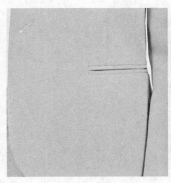

图 2-3-8　外套款式图

任务二　其他面料在外套中的应用

任务导入

　　棉麻面料的保形性较差,但由于面料的吸湿透气性好且价格便宜,因此常用作塑形性要求不高的休闲类外套面料。真丝面料以轻薄飘逸风格为主,较少用于制作外套。目前,涤纶及其他化纤面料由于其挺括的质感、华丽的外观以及良好的洗可穿性,在外套中应用较多。

任务实施

一、常用棉麻面料特点与外套应用

1. 灯芯绒

　　灯芯绒是一种布面呈现圆润丰满的凸出条状绒毛的棉织物,外形类似灯芯草,故而得名。根据每英寸内的绒条数量,可分为特细条、细条、中条、粗条、宽条、特宽条和间隔条等品种。特细条面料风格细腻,可以制作夏季衬衫、裙装等。中条、粗条灯芯绒属于中厚型面料;宽条、特宽条灯芯绒绒条丰满,风格粗犷,面料较厚,保暖性好,均可制作春秋外套、休闲裤等,见图 2-3-9,依次是:中条灯芯绒、宽窄条灯芯绒、细条灯芯绒、中条灯芯绒、特宽条灯芯绒。

图 2-3-9　灯芯绒面料和外套款式图

2. 线呢

　　线呢是仿毛风格的色织棉织物的统称，以染色纱线为原料，多由斜纹组织织成，也可采用平纹、缎纹及其变化组织等。线呢手感厚实，质地坚牢，保暖性好，风格较粗犷，适宜于制作春、秋、冬季男女外套和裤装等，见图 2-3-10。

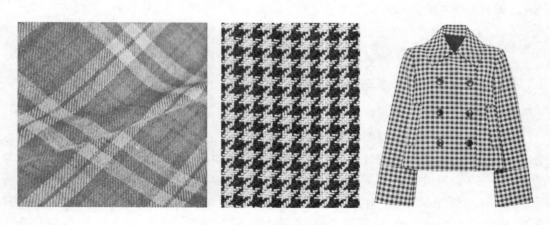

图 2-3-10　线呢面料和外套款式图

二、其他棉麻面料主要特点与外套应用

一般中厚型面料均适合制作各类休闲外套,以下列举常用于制作外套的其他棉麻面料。

1. 苎麻布

苎麻布面料吸湿透气性好且穿着凉爽,可以制作夏季外套,见图2-3-11。

图2-3-11 苎麻外套款式图

2. 牛仔布

牛仔布质地厚实,风格粗犷,一般用于制作夹克类外套,见图2-3-12。

图2-3-12 牛仔外套款式图

3. 卡其

卡其抗皱性好,耐磨性好,风格休闲随意,一般用于制作风衣类外套,见图2-3-13。

图 2-3-13　卡其外套款式图

三、丝型面料特点与外套应用

1. 提花凹凸绸

面料织造时用变化组织形成图案,并形成凹凸花纹。目前市场上比较流行的凹凸绸原料以涤纶纤维为主,面料花型立体美观,外观挺括,光泽感强。部分面料织造时还加入金属丝,使面料更具有富丽堂皇的风格,但由于表面浮长较长,抗钩丝性较差,穿着时应避免接触毛糙的物体表面。提花凹凸绸适宜于制作装饰性强的裙装、外套和风衣等,见图 2-3-14。

图 2-3-14　提花凹凸绸面料和外套款式图

🔊 知识链接

抗 钩 丝 性

织物在使用过程中,受带毛刺物体的影响,一根或几根纤维被钩带后露出织物表面的现象,称为钩丝。织物一旦产生钩丝,不仅影响服装外观,还将影响服装的内在质量,从而降低服装的穿用寿命。

影响织物钩丝性的因素主要有纤维性能、纱线结构、织物组织和染整后加工等。

纤维弹性好,即使被钩出织物表面,可以利用本身的弹性缓解外力,当外力去除后能够立即回缩,恢复原状。

纱线越紧密,纤维越不容易被钩出,因此强捻纱抗钩丝性优于弱捻纱,股线优于单纱。同样地,织物越紧密,纤维越不容易被钩出,因此平纹组织织物抗钩丝性优于缎纹,机织物优于针织物,表面平整的织物优于表面凹凸不平的织物。

2. 塔夫绸

塔夫绸以质地紧密、光滑平挺而著称,可用于制作高档风衣及外套等,见图2-3-15。

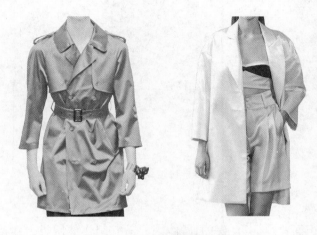

图 2-3-15　塔夫绸外套款式图

3. 金丝绒

金丝绒的质地较厚,外观光泽明亮,手感柔软,可用于制作风衣和外套等,见图2-3-16。

4. 织锦缎

织锦缎的外观光泽、花型变化丰富,而且富有立体感,可用于制作装饰性较强的外套,见图2-3-17。

图 2-3-16　金丝绒外套款式图

图 2-3-17　织锦缎外套款式图

四、其他面料主要特点与外套应用

1. 针织毛衫

毛衫即用毛纱或毛型化纤纱利用各种针织物组织织造成的上衣,是理想的保暖型服装。毛衫外观膨松,质地柔软,弹性好,花型、颜色变化丰富,色彩鲜艳,穿着舒适自然,适宜于制作休闲类外套及大衣等,见图 2-3-18。

图 2-3-18 针织毛衫外套款式图

2. 卫衣布

卫衣布属于针织面料,具有良好的弹性,因此适宜制作休闲类或运动类外套,不能制作外观要求平挺的西服套装,见图 2-3-19。

图 2-3-19 卫衣布外套款式图

📱**知识链接**

抗起毛起球性

服装在穿着和洗涤过程中,会因受到揉搓、摩擦等外力作用,表面露出纤维头,称为起毛现象。纤维头如不及时脱落会互相纠结成黑灰色小球状,称为起球现象。起毛起球现象严重影响服装的外观效果,降低服装的穿着价值与使用寿命。

影响织物抗起毛起球性的因素同样主要有纤维性能、纱线结构、织物组织和染整后加工等。

断裂强度高的长丝纤维被钩出织物表面后不容易磨断,不易起毛;断裂强度低的短纤维即使出现起毛现象,绒毛也会及时脱落;天然纤维不易产生静电作用,不会吸附空气中的尘埃,也不会纠结成小球,因此涤纶短纤维织物比其他织物更容易起毛起球。

另外捻度低的纱线和松软的织物均容易起毛起球;针织物比机织物、缎纹组织比平纹组织更容易起毛起球;普通织物比经烧毛整理的织物更容易起毛起球。

3. 羊皮革

羊皮革具有细腻的外观、良好的弹性和柔和的光泽感,经过不同的加工方法,还能使面料具有不同的外观,适宜制作具有前卫风格或都市风格的夹克类服装,以展现穿着者潇洒和干练的个人风貌,见图 2-3-20。

图 2-3-20 羊皮革类外套款式图

4. 麂皮绒与蛇皮革

麂皮绒是绒面革,外观质朴,风格独特。蛇皮革表面有易于辨认的花纹,具有弹性好、柔软、装饰效果强等优点,除制作外套类服装之外,还可制作皮包、皮鞋或装饰镶边等,见图 2-3-21。

图 2-3-21 麂皮绒与蛇皮革外套款式图

任务评价

你是否达到本阶段的学习目标？达到了就美美地给自己画个"☺"，基本达到画"☺"，没有达到画"☹"，继续努力吧！

序号	任务目标	是否达到
1	了解灯芯绒、线呢和提花凹凸绸的基本特点及其适用范围	
2	能根据外套款式合理选配棉型面料和其他常见面料	
自我综合评价：		

任务拓展

1. 逛逛当地的服装面、辅料市场，收集中厚型棉型面料及其他可用于外套类服装的面料小样，并将收集到的小样制作成样卡。

面料小样	名称	主要成分	主要性能	用途	幅宽	市场价格
小样粘贴处						
小样粘贴处						
小样粘贴处						

2. 请从造型、风格、用途及面料特点等方面，分析图 2-3-22 所示外套适合哪些面料。

风格特点分析		
适合的面料		

图 2-3-22　其他面料外套款式图

项目四　服装辅料及其运用

内容透视

　　服装辅料是服装必不可少的组成部分,是制作服装时除面料外其他所有材料的总称。根据其功能的不同,可分为里料类、衬垫类、填充类、线类、纽扣类、商标吊牌及装饰类材料。随着科技的进步及消费需求的转变,服装辅料除满足其基本功能外,在功能性、装饰性、保健性、环保性等方面均得到更充分的挖掘,辅料的设计已融入服装整体设计之中,成为时尚流行的关键元素之一。

总体目标

　　1. 了解服装辅料的种类;
　　2. 掌握常用服装辅料品种的特性;
　　3. 能合理选配服装辅料。

任务一　服装里料

任务导入

　　凡可用于制作服装夹里的材料均统称为服装里料。服装是否采用里料,主要取决于服装种类及其面料特性,一般春、秋、冬三季外衣类服装通常配有夹里,以改善服装的性能和外观以及满足工艺制作的需求,如棉衣、羽绒服等服装,必须通过里料形成夹层来包裹和固定填充材料。因此,服装里料虽然隐藏在服装内部,但它在服装中却起着非常重要的作用。

任务实施

一、服装里料的作用

1. 保护服装面料

里料可避免服装在穿着过程中,人体对面料的反复磨损和汗渍侵蚀,并使服装穿脱顺滑方便。一般呢绒类、毛皮类、反面浮丝较长的面料等,均需配置里料。

2. 使服装穿脱方便

使用光滑、柔软的里料,可以减小服装与其内层其他服装间的摩擦,使服装穿脱方便。

3. 提高服装的档次

服装里料遮盖了服装的缝头、毛边及衬布等,使服装整洁美观,并能提高服装的保形能力。

4. 提高服装保暖性

里料与面料之间可形成相对静止的空气层,从而增强服装的保暖性。另外,如羽绒服和棉服等有填充料的服装,必须通过里料包裹和固定填充材料。

5. 装饰烘托作用

创造性地使用服装里料,使面料、里料相互辉映,还会产生一些特殊的视觉效果,对服装设计起到画龙点睛之效,见图 2-4-1。

透明纱质面料透出绿色衬裙,与面料上的红色立体花相互映衬,美轮美奂

酒红色蕾丝面料搭配黑色纱质里料,若隐若现,凸显出服装的性感、神秘

牛仔面料搭配纯棉色织格子布里料,在硬朗粗犷的风格中添加些许温暖感

图 2-4-1　服装里料的烘托与装饰作用

二、服装里料的种类

根据纤维成分的不同,服装里料可分为棉布类、真丝类、化学纤维类、混纺和交织类、毛皮和毛织品等五大类。

1. 棉布里料

棉布里料柔软亲肤,吸湿透气,保暖性较好,穿着舒适,不易产生静电,强度及耐磨性较好,不易起毛起球,不易脱散,但弹性、光泽较差,不够光滑,在休闲类服装、童装和婴幼儿服装中使用较多。常见品种有细布、色织布、拉绒布、巴厘纱、轻薄型棉针织布等,见图 2-4-2。

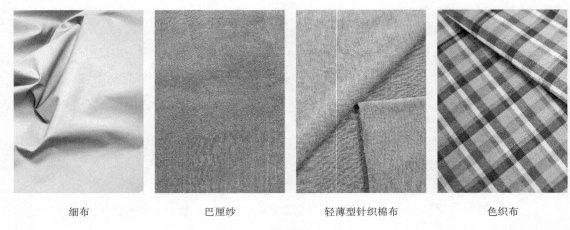

| 细布 | 巴厘纱 | 轻薄型针织棉布 | 色织布 |

图 2-4-2　纯棉里料样品

2. 真丝类

真丝里料吸湿透气好,不易产生静电,穿着舒适,绸身光泽柔和、细腻光滑、穿脱方便,但强度偏低、质地不够坚牢,耐碱性、耐光性、弹性及耐霉变性较差且价格昂贵,缝制难度较高,主要用于裘皮、皮革、毛料及真丝等高档服装。常见品种有电力纺、洋纺、斜纹绸、塔夫绸和乔其纱等,见图 2-4-3。

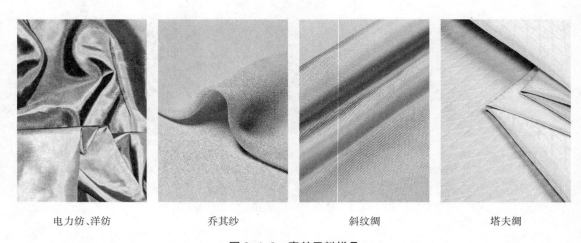

| 电力纺、洋纺 | 乔其纱 | 斜纹绸 | 塔夫绸 |

图 2-4-3　真丝里料样品

3. 化学纤维里料

化学纤维里料的强度、抗皱性能普遍较好,且具有良好的尺寸稳定性和耐微生物等特性,是目前应用非常广泛的里料。根据原料的不同,可分为合成纤维类里料与再生纤维类里料,见表2-4-1。合成纤维类里料透气性较差,易产生静电,但其价格便宜,广泛应用于各式中、低档服装。再生纤维类里料的强度、耐磨性比合成纤维织物差,但吸湿透气性较好,光泽也较好,穿着舒适,主要用于中高档服装,见图 2-4-4。

表 2-4-1　化学纤维类里料及其特性

类别	原料种类	特性	应用
合成纤维类里料	涤纶纤维	主要品种有涤丝纺、涤塔夫、涤雪纺、涤乔其纱、涤纶针织布等。具有较高的强度与弹性,结实耐用,挺括抗皱,穿脱顺滑,不易变形,但透气性差,手感较硬,易产生静电	在服装中运用广泛,适合于制作男女时装、西服、休闲服等。加密或涂层涤塔夫,常用于羽绒服的面料、里料
	锦纶纤维	主要品种有尼丝纺、尼龙绸等。手感滑糯,弹性好,耐磨性强,吸湿性优于涤纶,通风透气性差,耐光及耐热性较差,熨烫温度控制在 140 ℃以下	用于登山服、运动服及部分时装里料,加密和涂层尼丝纺可作羽绒服的面料、里料
再生纤维类里料	黏胶纤维	主要品种有美丽绸、人丝缎等。吸湿透气,柔软舒适,色彩鲜艳,光泽肥亮,但强度低,特别是湿强度更低,缩水率大,弹性不好,抗皱性较差	可用于呢绒类厚型毛料服装的里料,但因剪裁前需要充分缩水,故在工业化成衣生产中使用较少
	铜氨纤维	主要品种有铜氨斜纹绸等。手感柔软,细滑如丝,光泽柔和,透气性好,不易收缩,不易褪变,缩水率比黏胶纤维小	主要用于皮草、礼服及羊绒等高级衣料的里料
	醋酯纤维	醋酯纤维里料在手感、弹性、抗皱性方面优于黏胶纤维里料,其光泽柔和,近似于桑蚕丝织物,缩水率比黏胶纤维里料小,但强力比黏胶纤维里料差	适用于各种中高档时装里料

高密塔夫绸　　　　　　尼丝纺　　　　　　　网眼布　　　　　　　涤乔其

图 2-4-4　化学纤维类里料样品

4. 混纺和交织类

将两种或两种以上的纤维混纺或交织,以综合各成分纤维的优点,使织物的服用性能和物理力学性能得到一定改善。目前应用较广的是涤纶与其他纤维混纺或交织,常见品种有涤/棉布、涤/黏斜纹绸、涤/黏提花绸等,主要用于中高档服装,见图 2-4-5。

5. 动物毛皮和毛织品

这类里料最大的特点是保暖性极好,穿着舒适,多应用于冬季及皮革服装。常见品种有羊羔毛、人造毛皮和珊瑚绒等,见图 2-4-5。

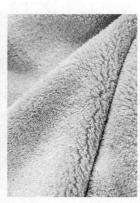

涤/黏提花绸　　　　　　羊羔毛　　　　　　人造毛皮　　　　　　珊瑚绒

图 2-4-5　交织类、起绒类及毛皮类里料

三、服装里料的选配

里料选配得当,可提升服装的品质与档次,选配服装里料时,我们需要重点考虑以下因素:

1. 里料的质地

里料的质量、厚度要与面料匹配,但不宜超过面料。一般情况下,里料宜柔软顺滑,使服装穿着舒适,穿脱方便。如粗纺呢绒、毛皮等较厚实的面料,则选用较为厚实挺括的斜纹绸、人丝缎、交织缎等里料;轻薄型面料则可采用较为轻薄的里料,如电力纺、巴厘纱、乔其纱、雪纺等;有填充料的服装,则需选用能防止钻毛钻绒的面、里料,如高密高支塔夫绸、防钻绒涂层面料等,见图 2-4-6。

人丝软缎里料毛呢大衣　　　涂层塔夫绸面料、里料羽绒服　　　电力纺里料连衣裙

图 2-4-6　里料质地与面料的配伍

2. 里料的性能

里料的性能必须与面料的性能和服装工艺要求相适应。主要参考指标有缩水率、色牢度、强度、耐热性、耐洗涤性及吸湿透气性等,需要重点测试的是缩水率与色牢度。

里料的缩水率应与面料相近,以防因面、里料的缩水率差异太大而引起里布外吐、底边起吊或绷紧的现象。在生产前,需要分别测试面、里料的缩水率,对缩水率大的面、里料宜进行预缩水处理。里料必须具有良好的色牢度,以免污染服装面料和内衣。里料的强度与耐磨性应与面料匹配,以防里料过早破损而影响服装的使用寿命。里料的耐热性、耐洗涤性也应与面料一致,以利于服装熨烫温度的掌控和洗涤用品的选用。里料还需具有良好的透气性,使人体体感舒适。一般情况下,面、里料的成分宜尽量一致,如真丝面料也宜选用真丝里料。

3. 里料的色彩

里料的色彩应与面料协调。一般情况下,里料的颜色不应深于面料,宜选配相同或相近色。另外,服装的用途、穿着对象、设计风格等因素也会影响到设计师对里料色彩的选配。如不宜经常洗涤的服装,里料常选用相对较深色里料;女装里料颜色不宜深于面料;男装里料宜尽量选择与面料相近的颜色,而且不宜太艳丽花哨。

当然,在实际生产中,不要过于死板地拘泥于这些原则来选配面料、里料的色彩,有时选用对比强烈的色彩配合,更能突出设计,达到强烈的视觉冲击效果,见图2-4-7。

4. 里料的档次

里料的档次要与服装的档次相匹配,高档服装宜选用高档里料,低档服装宜选用经济实惠的里料。一般情况下,里料价值不应超过面料,以降低服装的成本。

图 2-4-7 对比色面料、
里料的设计

 知识链接

国内里布通用质量标准

目前,我国还没有服装企业与里布生产企业间的通用的国家标准,此标准是目前国内大部分服装企业所采用的通用标准(摘自《中国服装辅料大全》第二版)。

1. A 级品外观通用质量标准

指标	幅宽 (cm)	匹长允差 [cm/(100 m)]	密度 (根/cm)	疵点 [个/(50 m)]	纬斜
允许偏差	±1	±130	±1	≤7	≤幅宽的 1.5%~2.0%

2. A级品通用内在质量标准

指标 \ 成分		100％涤纶	100％黏胶丝	100％铜氨丝	100％醋酯丝	涤/黏胶丝
熨烫缩率（％）	经向最大	−1.2	−1.2	−1.2	−1.2	−1.2
	纬向最大	−1.2	−1.2	−1.2	−1.2	−1.2
水洗缩率（％）	经向最大	−1.0	—	—	−3.0	−1.0
	纬向最大	−1.0	—	—	−3.0	−3.0
干摩擦色牢度	浅色	4	4	4	4	4
	深色	3～4	3～4	3～4	3～4	3～4
湿摩擦色牢度	浅色	4	4	4	4	
	深色	4	2～3	2～3	2～3	2～3
耐汗渍色牢度	浅色	4	4	4	4	4
	深色	4	3～4	3～4	3～4	3～4
甲醛含量（PPM）	释放最大	20	20	20	20	20
撕裂强力（N）	经向最小	10	7.8	7.8	7.5	10
	纬向最小	10	7.8	7.8	7.5	7.8
色差	最大	0.8	1.0	1.0	1.0	1.0

▌任务评价

你是否达到本阶段的学习目标？达到了就美美地给自己画个"☺"，基本达到画"☺"，没有达到画"☹"，继续努力吧！

序号	任务目标	是否达到
1	了解服装里料的作用	
2	了解服装里料的种类	
3	大致了解服装里料的选配因素	

自我综合评价：

▌任务拓展

根据表2-4-2中的款式图与指定面料，选配合适的里料。

表 2-4-2 面料、里料的配合

款式图    			
法兰绒 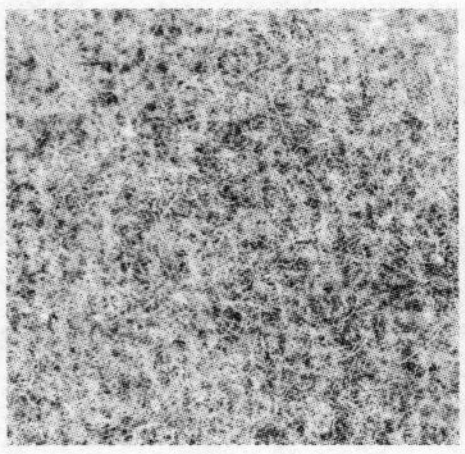	涤/棉针织布 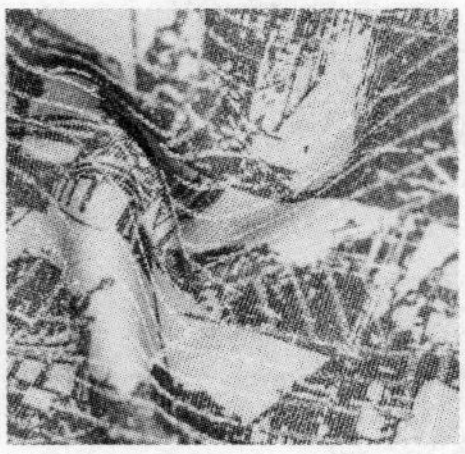	雪纺纱 	人造毛皮 
面料小样			
选配里料			
选配理由			
价格			

思考与练习

1. 简述选配服装里料需要考虑哪些因素? 并举例说明。

2. 逛逛当地的面辅料市场, 尽可能多地收集各式里料小样, 并将收集到的小样制作成样卡。

里料小样	品名	主要成分	幅宽	市场价格
小样粘贴处				
小样粘贴处				
小样粘贴处				

任务二　衬垫类材料

任务导入

衬垫类材料犹如服装的骨架,起衬垫和支撑的作用,可以改善面料的造型及加工性能,修饰与掩盖体型的缺陷,使服装穿着更合体、挺拔和美观,已成为现代服装不可缺少的一大类辅料。

任务实施

服装衬垫类材料种类繁多,根据用途的不同,可分为衬布与衬垫两大类。

一、衬布

衬布是以机织物、针织物和非织造物布为基布,主要用于服装前身、领、袖口及腰头等部位,起造型、补强及保形等作用。服装上常用衬布根据其基布材质和加工工艺的不同,可分为棉麻衬、毛发衬、粘合衬及树脂衬等四大系列。

(一) 衬布的种类

1. 棉麻衬

以普通棉、麻平布为基底,直接使用或经上浆硬挺整理后使用。棉布衬平整细腻,有一定的挺括度及弹性,但保形性不强,常作为牵条布使用。麻布衬具有较好的硬挺度,但抗曲折能力弱,可用于普通中山装、西装等局部衬料。棉麻衬由于使用不便,保形能力都不强,缩水率大,目前工业化批量生产中使用较少。

2. 毛发衬

根据纬纱原料的不同,毛发衬分为黑炭衬与马尾衬两类,如图 2-4-8 所示。

黑炭衬　　　　　　　　　　　　　　　马尾衬

图 2-4-8　毛发衬

(1)黑炭衬　是用动物纤维(山羊毛、牦牛毛、人发等)或毛混纺纱做纬,棉或棉与毛混纺纱做经交织成基布,再经树脂整理加工而成的。其色泽以黑灰色和灰色为主,其质地爽洁,挺括有弹性,主要用于西服、大衣等服装的前身、胸、驳头、肩、袖等部位,起造型和补强的作用,使服装造型饱满、挺括,贴合人体曲线,有立体感。

(2)马尾衬　又称马鬃衬,是用棉纱或羊毛做经,整根马尾或马尾包芯纱做纬交织成基布,再经定形或树脂整理加工而成的。其色呈灰白,手感爽洁,挺括有弹性,其主要性能和用途与黑炭衬相仿,但由于价格较贵,主要用作高档西装和大衣的衬料。

黑炭衬与马尾衬弹性好,是高档服装的理想衬料。根据其基布厚薄的不同,可分为硬挺型和软薄型,在选用衬布时要结合面料特性、款式造型及使用部位等因素合理选用。图 2-4-9 为男西服前片配衬示意图。

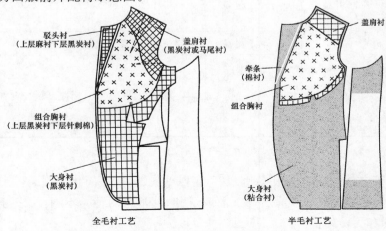

全毛衬工艺　　　　　　　　　　半毛衬工艺

图 2-4-9　男西服前片配衬示意图

3. 树脂衬

树脂衬是用机织或针织的棉布或涤棉布为基布,经过漂白或染色等加工,再经树脂处理加工而制成的衬布,见图 2-4-10。树脂衬具有优良的防缩性和弹性,缩水率低,软硬适中,抗皱免烫等特点,可用作衬衫、西服、大衣、裤腰、包、帽等的衬料。树脂衬的基布有纯棉、涤/棉和纯涤纶三种,各自用途见表 2-4-3。

涤/棉树脂衬　　　　　　　　　　　　树脂腰衬

图 2-4-10　树脂衬

表 2-4-3　常见树脂衬布品种及其用途

衬布名称	特性	品种	用途
纯棉树脂衬	缩水率小,尺寸稳定性好	薄软型	主要用作薄型、柔软的毛、丝、混纺及针织料服装的衣领、上衣前身及大衣(全夹里)的衬料
		中厚型	主要用作厚型大衣、学生服的前身、衣领等部位及裤腰和腰带等的衬料
涤棉混纺树脂衬	缩水率小,尺寸稳定性好,弹性好,弹性可在较大范围内变化	薄型中软型	主要用作女装、童装等夏令服装的衬料,以及大衣、风衣的前身、驳头等部位的衬料
		中厚较硬型	主要用作风衣、雨衣、西服、大衣的前身、衣领、口袋、袖口及夹克衫、工作服等的衬料
		中厚特硬型	主要用于生产各种腰衬、嵌条衬等
纯涤纶树脂衬	缩水率小,尺寸稳定性好,有极强的弹性和滑爽的手感	—	主要用作高档 T 恤衫、西服、风衣、大衣等的衬料

4. 粘合衬

在各种衬布中,粘合衬的使用范围最广,它以粘代缝,大大简化了服装生产工艺。粘合衬是在基布上经热塑性热熔胶涂层加工而成,按照其基布的种类不同,可以分为机织粘合衬、针织粘合衬和无纺粘合衬三类,见图 2-4-11。

| 机织粘合衬 | 针织粘合衬 | 无纺粘合衬 |

图 2-4-11 粘合衬种类

（1）机织粘合衬　基布采用机织平纹或斜纹织物加工而成，平纹衬布细密挺括，斜纹衬布手感较柔软，有较好的悬垂性。机织衬布的尺寸稳定，抗皱性能较好，多用作中高档服装的衬料。

（2）针织粘合衬　基布采用经编或纬编针织物加工而成，针织粘合衬具有较好的弹性，常用作各类针织服装、弹性面料及毛料服装的衬料。

（3）无纺粘合衬　基布采用无纺布或无纺缝编布加工而成，原料有黏胶纤维、涤纶、水溶性纤维、锦纶、腈纶和丙纶等，无纺粘合衬质地轻软但强力较低，常用作服装零部件或局部衬料。为改进无纺布强力低的缺点，近年出现了无纺缝编布，即利用缝编机在无纺布上进行缝编，使其趋近机织布的性能，可用于西服大身、驳头、挂面等部位衬料。水溶性无纺衬可在一定温度的热水中迅速溶解而消失，主要用作绣花服装和水溶花边的底衬，故又名绣花衬。如水溶蕾丝就是以水溶性无纺布为底布，在其上刺绣后经热水处理使底布溶化，留下有立体感的蕾丝花边，见图 2-4-12。

| 水溶性无纺衬 | 水溶蕾丝花边 |

图 2-4-12 水溶性无纺衬

粘合衬通过其基布上的热熔胶受热融化后与面料黏合，故粘合衬的黏合效果主要与压烫条件、热熔胶涂层方法及面料的结构等因素有关。表 2-4-4 为粘合衬表面热熔胶涂层形态及其性能。

表 2-4-4　粘合衬表面热熔胶涂层形态及其性能

种类		热熔胶涂层形态示意图	性能及用途	
粉点状	有规则点状		胶粒按一定的规律与间距排列	这类粘合衬粉点分布均匀,黏合效果较好,适用于大部分织物。黏合的强度取决于粉点的密度与大小,粉点分布越密,胶粒越大,黏着力越强。因此一般厚重类服装宜用胶粒大的衬布,轻薄类面料宜用胶粒小的衬布
	计算机点状		胶粒之间的距离相等,但排列没有规律	
无规则撒粉状			胶粒的大小和间距均无一定规律。这类衬布的黏着力较弱,常用于暂时性黏合	
双点粘合衬			考虑到面料与底布不同的黏合性能,底布上每个胶点由相互重叠的两种不同性质的热熔胶组成,基础层与底布黏合,上层与面料黏合,以获得理想的黏合效果,适用于质量要求高和难黏合的服装衬布	
裂纹复合膜状			热熔胶为一层薄膜复合在基布上,薄膜间有六角形裂纹,以保证基布的透气性。这类衬的表面光滑,与面料能紧密接触,黏合强度很高,但手感较硬,多用于领衬	
网状			有两种:一种是热熔胶本身制成网状的无纺布,成为双面粘合衬,可用于贴边等部位;另一种是以熔喷法成网状涂在基布上。这类衬不易在服装表面渗料,也不会透出胶粒,主要用于轻薄类面料	

知识链接

常用粘合衬的参考压烫条件

表 2-4-5　常用粘合衬的参考压烫条件

衬布类型	涂层方式	压烫条件		
		温度(℃)	时间(s)	压力(kPa)
机织外衣衬	双点衬	115~145	15~18	150~250
	PA(聚酰胺) 或 PES(聚酯)粉点衬	125~150	15~18	150~300
无纺衬(用于服装小件)	双点衬	115~140	13~16	150~250
	EVAL(改性乙烯-醋酸乙烯)撒粉衬	100~130	13~16	150~250
	EVA(乙烯-醋酸乙烯)撒粉衬	80~120	13~16	150~250
	LDPE(低密度聚乙烯)撒粉衬	110~130	13~16	150~250
衬衣衬	HDPE(高密度聚乙烯)粉点衬	160~180	15~18	200~400
	双点衬	125~145	15~18	150~250

(二) 衬布的选配原则

衬布的质地与性能对成衣质量的影响很大,如果选配不当,极易产生造型不自然、黏合不牢、渗胶、布面起泡等病疵。要综合面料特性、服装造型需求、使用部位及服装档次等因素,对衬布品种、规格及其主要品质指标(如热收缩率、水洗收缩率、水洗及干洗性能、剥离强度及压烫条件等)进行比对,选择性能与之相匹配的衬布。如厚重型粗纺呢绒面料,宜用弹性好、强度高的大胶颗粒针织衬布;真丝面料受湿和高热的作用后易产生水渍和泛黄,或产生极光,故宜选用低熔点、细粉点的衬布;针织面料则需选用弹性与之一致的针织衬布,同时还需要注意测试经、纬向的弹性,以免因使用不当使服装变形。表 2-4-6 为常规服装不同部位用衬类别及其主要作用。

表 2-4-6　常规服装不同部位用衬类别及其主要作用

服装类别		用衬部位	用衬类别	黏合类型与主要作用
外衣	西服、套装、商务茄克、制服、大衣等	前身、挂面、后身、驳头、门襟等	常用针织粉点、双点粘合衬	永久黏合,保形
		袋口、嵌条、袋盖、袖口、贴边、开衩、袖窿	机织或针织粘合衬、无纺粘合衬	暂时黏合或永久黏合,补强,保形,满足工艺需求
		止口、贴边	双面粘合衬	暂时固定,便于折叠
		挺胸衬、驳头、盖肩衬	黑炭衬、马尾衬、麻衬	手工固定,使服装造型饱满、贴合人体
裤裙	西裤、裙子、牛仔裙、休闲裤、运动裤	腰面、腰里	机织粘合衬、无纺粘合衬、树脂衬	永久黏合,保形
		门里襟、袋口、小件	无纺粘合衬、机织粘合衬	暂时黏合,补强,保形
衬衫	男衬衫、女衬衫	领面	机织粘合衬、树脂衬	永久黏合,保形
		门里襟、袖口、袋口、小件	无纺缝编粘合衬、无纺粘合衬	永久黏合或暂时黏合,保形,补强
便服	工装、运动装、罩衫、休闲夹克	领、门里襟、袖口、袋口、小件	机织粘合衬、无纺粘合衬	暂时黏合,补强
刺绣	刺绣服装、刺绣花边、刺绣蕾丝	刺绣部位	水溶性无纺衬	暂时固定,保形

二、衬垫

　　衬垫主要使用在服装的某些特定部位,使其加高、加厚,以便服装满足造型与修饰人体的需求或对人体起保护作用,见图 2-4-13。衬垫按其使用部位不同,分为肩垫、胸垫、袖窿垫、臀垫及领垫等。

抬高肩端使肩部比实际人体更平缓,使服装造型轮廓更硬朗、有型　　填充在服装局部,以满足造型设计的需求　　专业骑行裤在裆、臀、股等部位加衬垫,起保护、加固等作用

图 2-4-13　衬垫及其在服装中的应用

（一）肩垫

又称垫肩，运用在服装肩部，使肩部平整、饱满，服装穿着挺括、平衡、美观，是塑造肩部造型的重要辅料。

1. 肩垫的种类

按肩垫主要成型方式的不同，可分为定型肩垫、缝合型肩垫、针刺肩垫、切割型肩垫及混合型肩垫等，见图 2-4-14；按基本形状的不同，可分为拱形肩垫、窝形（又叫龟背形）肩垫和耸肩形肩垫等，见图 2-4-15。

肩垫的规格常以长×宽×厚的形式表示，如 25×15×1.2 表示该肩垫的长度为 25 cm，宽度为 15 cm，厚度为 1.2 cm。同一副垫肩的长度、宽度偏差必须控制在 ±2 mm，厚度偏差控制在 ±1.5 mm。

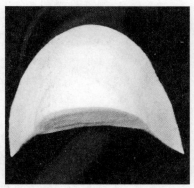

定型肩垫
利用模具成型和熔胶黏合工艺将针刺棉、海绵等材料热复合一体而制成，多用于时装、女套装、风衣、夹克、毛衫等服装

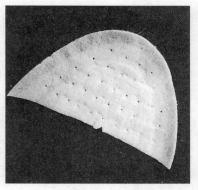

针刺肩垫
以棉絮或涤纶絮片、复合絮片为主要原料，辅以黑炭衬或其他衬料，采用针刺手段复合而成，多用于西服、大衣、制服等服装

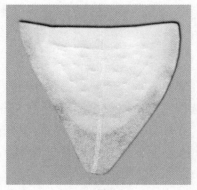

车缝肩垫
利用车缝设备将不同材料拼合成不同形状和厚度的垫肩，可广泛用于各类服装

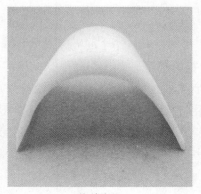

海绵肩垫
将海绵切割成所需形状而制成，工艺简单，但不耐洗，易变形。还可在其外面包布，加工成包布海绵垫肩，常用于各类中低档服装

图 2-4-14　垫肩常用成型方式

拱形切口肩垫

适用于肩部轮廓明显的服装,如西服、制服等

拱形闭口肩垫

适用于肩端部过渡自然的服装

窝形(龟背形)肩垫

适用于肩部造型圆润的插肩袖、连袖类服装

耸肩形肩垫

适用于肩部造型夸张的耸肩类服装

图 2-4-15　常用垫肩形状

2. 肩垫的选用

对于肩垫的选用,包括颜色、形状、材质及性能等方面。需要根据款式造型特点、服装面料及服用性能的需求选用,一般圆装袖型宜选用切口或闭口拱形肩垫,插肩袖宜选用窝形肩垫,厚重面料应选用尺寸较大且厚实、挺括、弹性好的垫肩,而轻薄面料宜选用尺寸较小、较薄的肩垫,如面料薄透或无里料的服装宜用同色肩垫。具体见图 2-4-16。

(二)胸垫(衬)、袖棉条

1. 胸垫(衬)

胸垫(衬)根据所使用服装的类别不同,可分为内衣胸垫与外衣胸垫。内衣胸垫主要用海绵或硅胶经模具定形而成,衬垫在内衣胸部,使胸部更丰满、美观,人体曲线更明显,主要用于文胸、泳衣、女性贴身礼服等;外衣胸垫主要用黑炭衬、马尾衬、胸绒等材料组合而成,用在西装、制服、大衣等服装的前胸部位,见图 2-4-17,其优点是使服装立体感强,悬垂性

圆装袖,肩部平直,过渡硬朗,宜用较厚、挺的切口针刺或车缝肩垫

肩部造型自然,肩部过渡平滑,宜用较薄的闭口弧形针刺或定形肩垫

插肩袖型,肩部造型饱满,过渡圆滑,宜用中薄型窝形肩垫

耸肩袖型,肩部造型耸立夸张,须用耸肩形肩垫,厚度根据造型确定

图 2-4-16 垫肩形状与服装肩部造型

全毛衬工艺　　半毛衬工艺

图 2-4-17 西服前胸部覆衬工艺示意图

好,前胸部位造型饱满、挺括,弹性和保形性好。常见胸垫(衬)形式见图 2-4-18。

各式内衣胸垫　　　　全毛外衣胸垫　　　带驳头半毛外衣胸垫　　不带驳头半毛外衣胸垫

图 2-4-18　常见胸垫(衬)形式

在选配胸垫时,要结合服装的类型、设计需求、面料特性及制作工艺等条件,合理选择其形状、材质、厚薄、弹性及颜色。同时,还需要考虑胸垫的性能,如吸湿透气性、耐热性、收缩率、牢度,以保证服装的质量。另外,还要结合不同档次的服装,选择成本与之相适应的胸垫。

2. 袖棉条

也叫袖窿条、袖顶棉,多与肩垫、胸垫配合使用,用于服装的肩头、袖窿部位,起支撑、塑形的作用,使肩袖部位过渡平滑,造型饱满、圆顺。袖棉条可由面料本布、毛衬、弹袖棉裁剪而成,或由上述材料按设计要求组合缝制在一起使用,见图 2-4-19。

袖棉条的形状决定于袖山弧线的形状及吃势袖棉条材质的选择必须与肩垫、胸垫相协调统一。

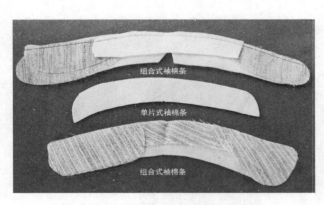

图 2-4-19　不同形式的袖棉条

图 2-4-20　领底呢及其使用

(三) 领垫

又称领底呢,是用于服装领里的专用辅料,可单独使用,也可加领底衬组合使用。其作用是增强衣领的定形效果和保形性,使服装的衣领造型美观,服帖颈部,挺括有弹性,洗涤不缩皱、不变形,主要应用于西服、大衣、军警服及制服等服装,见图2-4-20。

领垫按制造工艺不同,可分为机织起绒领垫、针织起绒领垫和非织造浸胶领垫三类;按材料的不同,可分为纯化纤维领垫、混纺领垫和纯毛领垫垫。领垫的选用应与服装的面料、档次相匹配。

任务评价

你是否达到本阶段的学习目标?达到了就美美地给自己画个"☺",基本达到画"☺",没有达到画"☹",继续努力吧!

序号	任务目标	是否达到
1	了解服装衬布类材料的种类	
2	了解服装衬垫类材料的种类和作用	

自我综合评价:

任务拓展

粘合衬黏合效果测试

五六个同学一组,老师分别给每组发15 cm×7 cm大小的几种基布不同、厚薄不同、热熔胶涂层形态不同的粘合衬及几种纤维成分不同、厚薄不同的面料,按老师要求的熨烫条件将粘合衬黏合在面料上,试比较:

(1)黏合的牢度;

(2)黏合后面料的柔韧度;

(3)黏合后剥离的难易程度;

(4)黏合后面料产生的收缩情况。

思考与练习

1. 常用衬布的种类有哪几种?它们各自的用途有哪些?

2. 粘合衬有哪些种类?它们各自的用途有哪些?

3. 简述选配粘合衬的基本原则。

4. 衬垫有哪些种类?它们各自的用途有哪些?

5. 到当地辅料市场尽可能多地收集各类衬料,并制作成衬料小样卡。

6. 到当地辅料市场考察衬垫的品种,至少拍摄五种以上衬垫材料并制作成 PPT,然后在课堂上进行交流。

任务三 填充类材料

　　服装填充类材料是指填充于服装面、里料之间，主要起填充、衬垫和保暖的作用。随着科技的进步，新型纺织材料不断涌现，也赋予填料更多新的功能，例如利用特殊功能填充料，能达到降温、保健及防热辐射等功效，见图2-4-21。

保暖：蓬松的填充料内含大量静止空气，降低了热传递效率而具有保暖作用

绗缝：衬垫薄絮片后进行绗缝，既能改变面料肌理，又具有保暖效果

堆绣：衬垫填充料后刺绣，使图案更加饱满、立体，装饰效果更强

阻燃隔热：消防服隔热层内填充的防热辐射絮片，可起到隔热、阻燃作用

图 2-4-21　填料在服装上的运用

　　根据其形状的不同，服装填料可分成絮类填料和絮片类填料两类。

一、絮类填料

絮类填料是指松散的呈絮状的纤维类填料,如棉花、羽绒、丝绵、驼毛等。絮类填料没有固定的形状,填充后需绗缝固定。常见絮类填料见图 2-4-22。

| 羽绒 | 羽绒棉 | 丝绵 | 驼毛 |

图 2-4-22 常见絮类填料

1. 棉花

棉花是传统保暖用填料,具有穿着保暖、吸湿、透气的特点,但不宜水洗,使用日久易板结,主要用作棉被、棉服等的填料。

2. 羽绒

服装上用的羽绒主要是鸭绒与鹅绒,是长在鹅、鸭的腹部、成芦花朵状的绒毛。羽绒具有轻、柔、软、松及弹性好、保暖性极佳的特点,是用于滑雪衫、羽绒服、羽绒被等的高档天然填充料。根据颜色的不同,羽绒分为白绒与灰绒,由于羽绒产量少,成本高,所以允许在羽绒服中添加部分经粉碎的羽毛,根据 GB/T 14272—2002《羽绒服装》国家标准,绒毛含量须高于 50%,才能称之为羽绒服,否则为羽毛产品。

3. 羽绒棉

由不同规格的超细纤维经过特殊工艺生产制造而成,因质似羽绒,故称为羽绒棉,具有轻薄、手感细腻、柔软、保温好、弹性好和不钻绒等特点,其保温效果与羽绒相当,价格却相对偏低,是天然羽绒最常用的替代品。可广泛应用于羽绒棉服、滑雪衫、防寒服以及羽绒棉被等保暖制品。

4. 丝绵

丝绵是用蚕茧的下茧、厚皮茧、蛹衬以及剥取蚕茧表面的乱丝等加工而成的。由于丝绵的纤维长度较长,且其吸湿放热性能优于棉纤维,故丝绵的弹性和保暖性能均优于棉花。另外,丝绵还具有质轻和穿着透气、舒适的特点,是高档的被服保暖填料。

5. 驼毛

驼毛是指骆驼身上的毛,具有蓬松、柔软、弹性好的特点,其保暖性优于棉花,次于羽绒。驼毛具有经常翻晒即可保持其蓬松性的特点,既轻又暖,是制作棉衣和被子的理想填充料。

二、絮片类填料

絮片是将纤维集合成的蓬松柔软而富有弹性的片状材料。絮片类填料具有易裁剪、易缝制、易保管的特点,因此得到迅速的发展和推广。常见絮片类填料见图 2-4-23。

 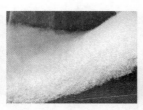  

热熔棉絮片　　　　　喷胶棉絮片　　　　　毛型复合絮片　　　　金属镀膜絮片

图 2-4-23　常见絮类填料

1. 热熔棉絮片

热熔棉絮片以涤纶、腈纶等化学纤维为主要原料,经热熔黏合工艺加工而成。热熔棉絮片比棉絮轻柔,并具有良好的抗拉强度,其保暖性、透湿性、透气性都比较好,价格便宜,属于普及型的保暖材料。常作为中低端防寒服和床上用品的保暖填料。

2. 喷胶棉絮片

喷胶棉絮片以中空或高卷曲的涤纶、腈纶等化学纤维为原料,经梳理成网,然后将黏合剂喷洒在纤维层间粘结而成。其性能与热熔絮棉相似,但因采用中空纤维为原料,其蓬松性能比热熔絮棉更高,具有手感柔软、弹性好、耐水洗及保暖性良好的特点,常用于各类防寒服、中低端户外运动服、床垫等。

3. 毛型复合絮片

毛型复合絮片是以毛或毛与其他纤维混合材料为絮层原料,经针刺复合加工而成。因原料成分及组成结构的不同,可分为羊毛复合絮片、毛涤复合絮片、驼绒复合絮片等。毛型复合絮片保暖性能好、穿着舒适,但价格较贵,属于较高档的保暖填充材料。

4. 远红外棉复合絮片

远红外棉复合絮片是以远红外涤纶或远红外锦纶等功能性纤维为基本原料制成的新一代保暖絮片材料。这种远红外纤维除具有高效的吸湿、透湿、透气等优良特性外,还具有抗菌、除臭和一定的保健功能,是一种极具开发前景的新型保暖材料。适合制作各类高档的保暖衬衣、棉衣、防寒服、卧具等。

5. 金属镀膜絮片

金属镀膜絮片又称太空棉、金属棉、宇航棉,是一种超薄、超轻、高效的新型保暖材料。它是以纤维絮片和金属镀膜为主体原料,经复合加工而成。金属棉的保暖性能、防风性能和物理机械性能良好,优于棉花、羊毛和羽绒等传统填料,具有轻、薄、软、暖等优点,但其透湿性和透气性较差,穿着会有闷热感。因此适合作风衣、登山服、滑雪衫、帐篷等的保暖材料。

三、填充类材料的选配

填充类材料的形状、材质不同,性能各异,必须与服装的用途、面料、里料合理配合,才能保证服装良好的服用性能。表 2-4-7 为不同种类保暖絮片的性能比较。

表 2-4-7　不同种类保暖絮片性能比较

絮片种类	保暖性	透湿性	透气性	强力	耐洗性	耐磨性	缩水性	价格	应用
热熔絮片	较好	好	好	一般	差	差	差	低	中低端保暖服装、用品
喷胶棉絮片	较好	好	好	一般	一般	差	差	稍低	中低端保暖服装、用品
毛型复合絮片	好	一般	一般	好	差	较好	差	贵	中高端保暖服装、用品
远红外棉絮片	好	好	好	好	好	好	好	稍贵	高档保暖衬衣、棉衣、防寒服、卧具等
金属镀膜絮片	较好	差	差	好	较好	好	好	稍贵	登山服、滑雪衫、帐篷等户外服装、用品

任务评价

你是否达到本阶段的学习目标？达到了就美美地给自己画个"☺"，基本达到画"☺"，没有达到画"☹"，继续努力吧！

序号	任务目标	是否达到
1	了解服装填料中絮类材料的种类	
2	了解服装填料中絮片类材料的种类	
3	大致了解服装填料的选配因素	

自我综合评价：

任务拓展

辅料市场调查

五六个同学一组，利用周末进行市场调查，并制作成图文并茂的 PPT 进行情况汇报，调查内容如下：

（1）辅料市场调查：市场有哪些填絮类材料？价格如何？

（2）服装市场调查：保暖服主要用的什么填充料？不同填充料的服装使用的面料、里料及服装的价格有什么差别？

（3）网络市场：目前出现了哪些新型填料？有什么功能？目前市场上最受欢迎的填充材料有哪些？

思考与练习

1. 简述服装填充类材料的种类及其用途。
2. 举例说明填充类材料的选配要求。

任务四　线带类材料

任务导入

　　线带类材料是指在服装制作中起缝合、连接或装饰作用的线、绳、带等材料。根据用途及形状的不同,可分为线类、带类和绳类,见图2-4-24。

　　线类　　　　　　　　　　　带类　　　　　　　　　　　绳类

图 2-4-24　线带类材料

任务实施

一、线类

　　根据用途的不同,分为缝纫线和刺绣装饰线两大类。

(一)缝纫线

　　缝纫线在服装上主要用于缝合、连接服装的各个部件,同时也起到一定的点缀作用。根据所用原料的不同,可分为三种基本类型:天然纤维型,如棉线、麻线、丝线等;化学纤维型,如涤纶线、锦纶线、维纶线等;混纺型,如涤棉混纺线、涤棉包芯线等。根据卷装形式的不同,可分为绞线、球线、纸板线、轴线和宝塔线,缝纫设备用线一般使用轴线和宝塔线,纸板线、绞线与球线一般在手工用线中可见到。

1. 棉线

　　以普通棉纱或精梳棉纱为原料加工而成。棉纤维由于没有软化点与融熔点,故棉线具有较好的耐热性,缝纫时能经受较高的针温,适用于在高速缝纫机上使用。但其牢度一般,缩水率较大,弹性与耐磨性较差,主要作为棉织物和皮革服装的缝纫用线。棉线按加工工艺不同可分为无光线、蜡光线和丝光线三种。

　　(1)无光线　没有经过烧毛、丝光、上浆等处理的棉缝纫线,表面有毛绒,光泽暗淡,有本白、漂白和染色三种,线质柔软坚韧,延伸性较好,伸长率约为6%,但由于其表面粗糙,摩擦阻力较大,故适用于手工或低速缝纫,如锁扣眼、棉毯及帽子拷边等。

(2) 蜡光线　普梳棉纱股线经上浆打蜡而成,经蜡光处理后棉线的强度提高,且表面光滑,摩擦力小,缝纫时不易断线,伸长率在 5% 左右,适用于牢度大、耐磨能力强的服装服饰品的缝制,如裘皮服装、鞋帽、包袋、劳保服装等。

(3) 丝光线　精梳棉纱股线经丝光、烧毛等工艺处理而成。丝光处理后棉线不仅光泽好,其强度也有所提高,缩水率也变小,约为 1.5%~2%,伸长率在 4% 左右,线质柔软、美观,适用于缝制中高档棉制品。其常用规格与用途见表 2-4-8。

表 2-4-8　丝光线常用规格及用途

规格[tex×股数(英支数/股数)]	捻度[T/(10 cm)]	用途
7.5×3(80/3)	108~112	薄型棉针织衫、裤
7.5×4(80/4)	90~94	薄型棉针织衫、裤
10×3(60/3)	93~96	各种棉针织衫、裤
10×4(60/4)	52~56	卡其、灯芯绒服装
12×6(50/6)	86~90	厚棉针织衫、裤
14×3(42/3)	75~79	内、外衣拷边、衬衣
19.5×2(30/2)	82~86	拷边、衬衣、休闲裤

2. 丝线

以桑蚕丝为原料,经合股加捻而成的缝纫线,具有表面光滑、富有光泽,质地柔滑,弹性好,可缝性好,线迹丰富挺括、不易缩皱等优点,但易发生霉变,不耐晒,耐碱性差。主要用于缝制各类高级丝绸服装、呢绒服装、毛皮服装等,也可作为刺绣用线。

3. 涤纶线

以涤纶纤维为原料制成的缝纫线。涤纶线性能优良,线迹平挺美观,其强度、耐磨性仅次于锦纶线,在各类缝纫线中居第二位,缩水率小,约为 0.4%,不易皱缩,防霉防蛀,耐光性、耐酸碱性均较好,是用途极为广泛的缝纫线品种。涤纶线按原料的不同,可分为涤纶短纤维缝纫线、涤纶长丝缝纫线和涤纶低弹丝缝纫线三大类。

(1) 涤纶短纤缝纫线　以涤纶短纤维为原料,经合股加捻制成的缝纫线,其外形与棉线相似,故又称仿棉型涤纶线。涤纶短纤维缝纫线的性能优良,线质柔软,具有较高的强力和耐磨性,是目前使用最广的一种缝纫线。

(2) 涤纶长丝缝纫线　以涤纶长丝加工而成,其强度较涤纶短纤维缝纫线高,是一种高强低伸的缝纫线,有丝质光泽、线质柔软、可缝性好、线迹挺括、物理与化学性能稳定、耐磨且不易霉变等特点,且价格低廉,实用性优于蚕丝缝纫线,适合缝制对缝线强度要求较高的产品,主要用于缝制拉链、皮革制品、滑雪衫及手套等。

(3) 涤纶低弹丝缝纫线　以低弹涤纶变形长丝加工而成,弹性较好,适用于缝制弹性织物,如针织涤纶外衣、运动服装及服装拷边等。

4. 涤/棉线

涤/棉混纺纱线或涤/棉包芯线加工而成,兼有涤、棉两者的优点,其强度约为棉线的1.4倍,而缩水率仅为0.5%左右,具有良好的韧性、弹性和耐磨性,且缝迹平挺,适应中高速工业缝纫机使用,可广泛适用于各类全棉、涤棉服装的缝制。

5. 锦纶线

以锦纶纤维为原料制成的缝纫线。锦纶线弹性、强度、耐磨性优良,主要用于缝制弹性织物。常用的有锦纶弹力丝缝纫线和透明缝纫线。

(1)锦纶弹力丝缝纫线 以锦纶变形长丝加工而成,线质光滑,有丝质光泽,弹性好,耐磨,强力高,主要用于缝制针织物、文胸、内衣裤、游泳衣、丝袜、紧身衣裤等伸缩性较大的弹性织物。

(2)锦纶透明缝纫线 以锦纶长丝加工而成,线质较硬,弹性好,耐拉耐磨,不易断裂,主要用于挑边、游泳衣、鞋包、窗帘、商标标签、帐篷等的缝纫。

缝纫线种类繁多,其与针、面料的合理搭配是服装外观和内在质量的重要保障,三者配合不当,在缝制过程中就可能产生断线、针迹收缩、跳针等病疵。选配缝纫线时,要做到缩水率、色泽、质地及档次要与面料匹配。

🛜 知识链接

表 2-4-9 常见服装面料与缝纫线、针的配合

类别	面料品种		缝纫线		缝纫机针(号)	手工针(号)
			材质	细度(s)		
机织面料	棉型·麻型	薄料 府绸、巴厘纱	棉线	80	9、7	8、9
			涤纶线	90		
		普通布 平布、斜纹布、贡缎等	棉线	60	11、14	7、8
			涤纶线	60、90		
		厚布 牛仔布、平绒、灯芯绒、帆布等	棉线	50	14、16	5、6、7
			涤纶线	60		
	真丝·化纤	薄料 绡、纱、纺、绸、缎、绉、绢等	真丝线	100	11、9、7	9
			丝光线	80		
			涤纶线			
		厚料 锦缎类、重磅绸、软缎等	丝光线	50	11、14	8、9
			涤纶线	50、60		
	毛型织物	薄料 派力司、凡立丁等薄型毛织物	丝光线	90	11、14	7、8
			涤纶线	60		
		中厚·厚料 华达呢、粗纺呢绒、立绒、长毛绒、驼绒等	涤纶线	50	14、16	5、6、7
			涤棉线	45、50		

（续表）

类别	面料品种	缝纫线、针规格	缝纫线		缝纫机针（号）	手工针（号）
			材质	号数(s)		
针织面料	薄料·中厚	平针、罗纹、毛圈布等	针织物专用有弹性缝纫线		11、9、7	8、9
	厚料	双面针织物、起绒针织物			11、14	8
备注	1. 缝纫线的号数即表示其公支数,缝纫线号数越大,线越细。 2. 缝纫机针号数越大,针越粗。 3. 手工针号数越大,针越细。					

（二）刺绣装饰线

在服装、服饰品及家纺等产品中供刺绣用的装饰线。其色泽鲜艳、质地柔软、富有光泽,根据原料的不同,可分为棉线、丝线、毛线、金银线等,如图 2-4-25 所示。生产中,需要根据面料、风格、用途、工艺及价格等因素合理选用。

有光黏胶丝绣花线　　　　　　　丝光棉绣花线　　　　　　　金银线

图 2-4-25　工艺装饰线

1. 棉线

以经丝光处理的精梳棉线使用较多,其虽没有丝质绣花线明亮,但牢度与耐磨性比丝质绣花线好,适用于棉布、较厚实的面料及休闲风格服饰等。

2. 丝线

以蚕丝绣花线和黏胶丝绣花线使用较多。

（1）黏胶丝绣花线　原料为有光黏胶长丝,其光泽明亮、色彩艳丽、色谱齐,价格相对较便宜,是一种使用非常广泛的刺绣线,主要用于中、薄型织物的手绣与机绣的各类服饰、家居用品。但由于人造丝线强度不高,耐磨性也不好,故绣品不宜多洗。

（2）蚕丝绣花线　原料主要为桑蚕丝线,其光泽柔和、丝线纤细,更适合于层次丰富、施针要求非常细腻的绣品,且价格较贵,常用于中高端服饰品和艺术品。

3. 毛线

根据板料的不同,分为人造毛线、纯毛线及混纺毛线。毛线毛感强,线体较粗,刺绣线条粗犷立体,具有独特的美感,常用于厚型织物的手绣,如毛衣、家居用品、壁挂等。

4. 金银线

主要采用聚酯薄膜为基底,用真空镀膜技术在其表面镀上一层铝,再覆以颜色涂料层与保护层,经切割成细条而成。根据涂层颜色不同,可获得金、银、变色及五彩金银线等品种。金银线柔软光亮,色彩鲜艳,装饰性强,广泛用于各类服装、商标、花边、服饰品和工艺品等产品。

二、绳、带类

早期服装中,绳、带起着连接和绑束衣片的作用,从而达到实用与保暖目的。在现代服装设计中,绳、带在满足其实用性的同时,更具有非常重要的装饰作用,在服装、服饰中应用非常广泛,如各式编织彩绳、皮绳、蕾丝花边、针织彩条带、商标带、流苏花边带等。绳、带的加工方式有编织、机织、针织、热切割等;原料有棉、麻、丝、毛、化学纤维、金银线、金属丝等,见图 2-4-26。

图 2-4-26 绳、带类材料在服装中的运用

任务评价

你是否达到本阶段的学习目标？达到了就美美地给自己画个"☺",基本达到画"☺",没有达到画"☹",继续努力吧!

序号	任务目标	是否达到
1	了解缝纫线的种类	
2	了解缝纫线的基本特点	

自我综合评价:

任务拓展

请同学们结合表 2-4-10 中服装的面料与造型特点,分析其适合的缝纫线与针。

表 2-4-10 面料、缝纫线、针的配合

款式图				
面料	纯棉牛仔布	真丝素缎	针织复合面料	闪光欧根纱
面料与造型分析				
适合缝纫线种类				
适合缝纫机针规格				

思考与练习

1. 说说以下布料应该使用什么缝纫线与机针?

真丝素绉缎　牛仔布　针织汗布　法兰绒

选配　　面料种类	真丝素绉缎	牛仔布	针织汗布	法兰绒
缝纫线				
机针				

2. 缝纫线有哪些品种? 各自的特点与用途是什么?

3. 刺绣线有哪些品种? 各自有什么特性?

4. 简述缝纫线、针和面料的配合要求。

任务五 紧 扣 类 材 料

···

　　紧扣类材料主要是指服装上的纽扣、拉链、钩、环、松紧、搭扣等辅料。它们在服装中除了有扣紧和开合服装部件的作用外，还有很强的装饰作用，是一类重要的服装辅料，见图 2-4-27。

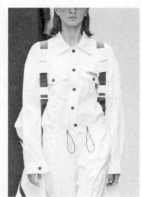

图 2-4-27 紧扣类材料的运用

···

一、纽扣

　　纽扣的基本功能是用于扣紧和开合服装的部件，除此之外，还具有非常强的装饰作用，对提高服装的档次起着至关重要的作用，搭配得当往往会起到"画龙点睛"的效果。纽扣品种丰富，按原材料不同，可分为天然材料、合成材料、金属材料、组合材料及其他材料等五大类，见图 2-4-28。

天然材料纽扣　　　　　合成材料纽扣　　　　　金属材料纽扣　　　　　组合纽扣

图 2-4-28 纽扣的种类

1. 天然材料纽扣

是最古老的纽扣,用珍珠、宝石、贝壳、竹、木、骨头、椰壳等天然材质加工成。天然材料纽扣本身的优点是其他材料纽扣所无法替代的,而且自然、环保。

2. 合成材料纽扣

是用高分子材料加工制成的纽扣,是目前产量最大、品种最多、应用最为广泛的一类纽扣。其特点是纽扣的色泽鲜艳,造型丰富,价廉物美,但是耐高温的性能不及天然材料纽扣,且生产过程中易产生环境污染。

3. 金属扣件

可分金属纽扣与电镀金属纽扣两类。金属扣件品种丰富,形式多样,用途广,经久耐用,装钉方便,耐腐蚀,是目前使用最多、最广泛的扣件。其常用品种及规格见表2-4-11。

表 2-4-11 常用金属扣件形状及用途

类别	品名	形状	用途
金属扣件	手缝裤钩		由两件构成,主要用于西裤裤腰和裙腰
	机订裤钩		由四件构成,主要用于西裤裤腰和裙腰
	无影扣(风纪扣)		由两件构成,安装在服装上后不容易被发现,故得此名,常用于领口、腰头、文胸后翼等部位
	按扣		材质有金属、塑料。常用的按扣有大、中、小三种规格。大号用作沙发套、被褥套、棉大衣等的扣件;中号用作夹衣、棉衣、枕头的扣件;小号用作单衣、内衣和童装的扣件
	五爪扣		装订牢固方便,开合自如,坚固耐用,耐高温高压,不褪色,不变形,能在洗衣机内洗涤,且有良好的通用互换性能。可用作童装、衬衫、裙装和针织服装等的扣件

（续表）

类别	品名	形状	用途
金属扣件	四合纽		又称弹簧扣、大白扣、噏纽等，其扣合原理类似按扣，扣面图案、色彩变化丰富，装订方便，不易变形，适用于非伸缩性衣料服装的扣件和装饰用，如夹克衫、T恤衫、牛仔服、工装、户外服和羽绒服等
	工字扣		又称牛仔扣，由面扣和底铆钉组成，一般有铁质和铜质两种材料。工字扣具有装订牢固、图案丰富的特点，常用于牛仔服、休闲服和工装等
	撞钉		俗称铆钉，由撞钉帽和撞钉钉两部分组成，主要用于服装袋口等边缘部位。撞钉的形状、大小、颜色多种多样，须注意根据面料的不同厚度，加配相应长度的底钉
	汽眼		由扣面和垫片组成，其造型为圆形或异形，中间有大面积的孔，起到透气、穿绳及装饰作用。用途非常广泛，服装、箱包、手袋、鞋帽及包装等上经常采用
	吊钟绳扣		又叫弹簧扣，有铜、合金、塑脂等材质，主要用在服装、包袋抽绳处，起抽缩功能。形态多样，有圆形、方形和柱形等
	手缝金属扣		具有精致美观、防水、耐磨、强度高、经久耐用等特点，广泛用于各类时装、制服及大衣等服装
电镀金属扣	塑料电镀纽扣		在塑料、树脂纽扣外电镀上各种不同金属的镀层而成，其外观、色泽酷似所镀的金属，有仿金、仿银、仿铜及仿古铜等色泽，具有较强的装饰感。电镀纽扣的质地较轻，造型图案丰富，价格便宜，广泛用于各式服装

4. 组合纽扣

指由两种或两种以上不同的材料,通过一定的方式组合而成的纽扣,如树脂与金属组合、金属与天然材料组合、天然材料与树脂组合等。

其他还有皮质纽扣、陶瓷纽扣、景泰蓝纽扣、布类纽扣、编织纽扣及其他装饰性纽扣等。对纽扣规格、形式、种类及材质的选择,需要结合服装风格、面料特点、服装用途及穿着对象等因素综合确定。

 知识链接

纽扣的型号与大小

国内以纽扣外径表示纽扣的大小,国际上通常以"莱尼"(简称"莱")作为纽扣大小的计量单位。40莱尼相当于1 in,即1莱尼约为0.635 mm。纽扣型号与纽扣直径(mm)的换算公式:纽扣直径=型号×0.635,见表2-4-12。

表 2-4-12　部分纽扣型号与直径的对照表

纽扣型号 (L)	纽扣直径 (mm)	英寸	纽扣型号 (L)	纽扣直径 (mm)	英寸
12	7.5	5/16	28 L	18	23/32
14	9	11/32	32 L	20	3/4
16	10	13/32	36 L	23	7/8
18	11.5	15/32	40 L	25	1
20	12	1/2	44 L	28	35/32
22	14	9/16	50 L	32	21/16
24	15	5/8	70 L	44	28/16
26	16.3	21/32	100 L	62.5	79/32

二、拉链

拉链是20世纪对人类最具影响的发明之一,从发明距今,已有一百多年的历史。拉链开合方便、快捷,牢固且不易脱落,除应用于服装、鞋、帽、箱包、家纺等日常用品外,还广泛应用到其他各个领域,如医疗及装饰工程等。

1. 拉链的结构

拉链由带布、链牙、拉头、上下止、拉头、拉片和拉锁等主要部件组合而成,见图2-4-29。

2. 拉链的种类

按拉链齿所用的原料不同,可分成金属、尼龙和树脂三大类;拉链边布有棉、化纤、防水涂层、蕾丝、针织网眼布、透明PVC等多种类别;链齿有明齿与隐形齿之分;为适应更广泛的产品需求,除条装外还有码装拉链,码装拉链可根据设计需求灵活裁取不同长度,见图2-4-30;拉链的开口形式有开尾拉链、闭尾拉链和双拉头拉链等类型,见图2-4-31。

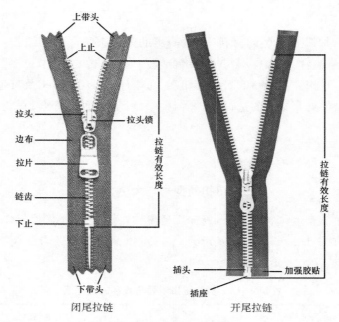

图 2-4-29 拉链的结图

金属拉链：有铜质和铝质链齿,铜质价格比铝制贵。结实耐用,拉动轻滑,粗犷潇洒,多用于牛仔、皮革、夹克、羽绒服及休闲服等

尼龙拉链：拉链轻巧,拉合轻滑,色彩鲜艳,链齿柔软且有可挠性,广泛用于各式服装和包袋,特别是内衣、薄型面料、弹性面料及需弯曲部位等

树脂拉链：链齿呈块状,粗犷简练,质地坚韧,耐磨,抗腐蚀,可适合的温度范围大,但柔软性不够,拉合轻滑度比同型号其他拉链略差,适用于各式外衣

网眼边隐形拉链

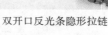

双开口反光条隐形拉链

码装拉链及拉头

图 2-4-30 拉链的种类

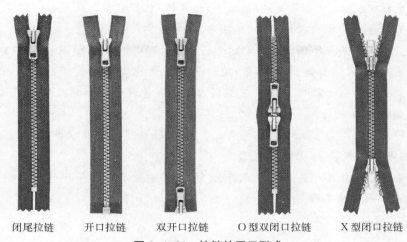

| 闭尾拉链 | 开口拉链 | 双开口拉链 | O型双闭口拉链 | X型闭口拉链 |

图 2-4-31 拉链的开口形式

拉链的规格以拉链啮合后牙链的宽度表示,它的计量单位是"mm"。号数越大,表示拉链的链牙越粗,啮合后的宽度越大。需要注意的是,拉链型号对应的是一个尺寸范围,有时即使拉链的型号相同,但由于不是同一家企业生产的链带和拉头,其尺寸可能会不匹配,以至于不能正常使用。

知识链接

拉链的规格型号与质量要求

一、拉链的规格

表 2-4-13 不同型号拉链的规格　　　　　单位:mm

拉链规格 型号(#) 拉链材质	2	3	4	5	6	8	9	10
金属	2.5~3.85	3.9~4.8	4.9~5.4	5.5~6.2	6.3~7.0	7.2~8.0	8.7~9.2	—
尼龙	2.5~3.85	4.0~4.8	4.9~5.4	5.5~6.2	6.3~7.0	7.2~8.0	8.7~9.2	10.0~10.6
树脂	—	3.9~4.8	4.9~5.4	5.5~6.2	6.3~7.0	7.2~8.0	8.7~9.2	—

二、拉链的质量要求

(1)表面色泽鲜艳,手感柔软、光滑、平、挺、啮合良好;牙齿表面要平滑、拉启时手感柔畅且噪声少,整条拉链零部件齐全,链牙排列整齐,不得有缺牙、坏牙。

(2)拉链的下止无明显歪斜,拉开拉合时不得有拉头卡住上止和下止的现象。

（3）开尾拉链（包括双开尾拉链）插拔、启动灵活；加强胶带与布带黏合牢固、整齐。

（4）拉头自锁拉头拉启轻松自如，锁固而不滑落。

（5）拉头表面装饰层牢固、均匀一致，无气泡、掉皮等缺陷，商标、标识等清晰。

（6）插座、插头穿插自如、紧固布带，型腔平整光滑，拉片翻动灵活。

（7）上止要紧扣第一粒齿（金属、尼龙），但距离不能超过 1 mm 且结实完美；下止扣牙齿或钳在上面且结实完美。

（8）布带染色要均匀、无沾污、无伤痕且手感柔软；垂直方向在水平方向上、布带要呈适中波浪型；贴布紧扣布带，不易断裂脱落。

（9）拉链尺寸参数按相关规定在允许公差之内；码装每百米长度为（100±0.5）m。码装链带每百米长内接头不得超过 3 个。

3. 拉链的选配

拉链各方面指标的好坏对服装成品质量影响很大，选配拉链要从链齿及边布的材质、颜色、规格、色牢度以及装饰性等方面进行比较，并结合服装的用途、风格、拉链使用部位及面料的特性等因素选配。如薄型面料常用 4♯ 或 3♯ 拉链；厚型面料常用 5♯ 及以上的拉链；乔其纱等薄透面料多选用网眼边尼龙拉链；牛仔面料则常用布面金属拉链；户外运动服常选用经防水涂层处理的拉链和有反光条的拉链；浅色的面料不宜使用铝制拉链，因铝制拉链经摩擦后易产生金属粉末而造成面料污染；另外拉链边布的缩水率、色牢度等指标在生产前须进行测试，以确保与面料和洗护方式相适应。

随着服装科技的发展，拉链在服装中的应用在不断扩展，越来越多的服装设计师在注重拉链功能性的同时，也相当强调拉链的时尚性和装饰性。将拉链作为一种设计元素，利用拉链的线条感对服装进行解构和重构，产生强烈的视觉冲击力，增强了服装的美感，见图 2-4-32。

图 2-4-32　拉链在服装中的创意设计

三、松紧带、搭扣、锁扣

1. 松紧带

松紧带又叫弹力线、橡筋线，具有很好的弹性，广泛用于服装袖口、下摆、胸罩、吊袜、裤腰、束腰、鞋口以及体育护身和医疗绷扎等方面。松紧带按织造方法不同，可分为机织松紧带、针织松紧带和编织松紧带,如图 2-4-33 所示。

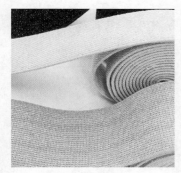

机织松紧带

有平纹、斜纹或其他复杂组织,表面平挺,质地紧密,弹性适宜,品种多,广泛用于各式服装、鞋帽及体育、医疗等方面

针织松紧带

针织松紧带能织出各种小型花纹、彩条和月牙边,质地疏松柔软,多用于服装、文胸、内裤、头带、腰带及护腕等产品

编织松紧带

丝线围绕弹力丝按"8"字形轨道编织而成,带身纹路呈人字形,一般比较狭窄,花色品种较单调,多用于薄型服装需松紧的部位

图 2-4-33 松紧带的种类

2. 尼龙搭扣

尼龙搭扣又叫魔术贴,由尼龙钩带和尼龙毛带两部分组成,将钩面和毛面对合后略加压,就能产生较大的扣合力,可用以代替拉链、纽扣等紧扣材料,广泛应用于服装、背包、帐篷、降落伞及鞋子等产品,见图 2-4-34。

图 2-4-34 尼龙搭扣及其运用

3. 其他装饰扣件

服装、箱包、鞋帽等服饰品上,各类装饰扣件的运用是非常广泛的,它们既有实用的功能,又有很强的装饰效果,通过设计师的巧妙搭配,起到画龙点睛的作用。装饰扣件的种类繁多,常见的有对扣、卡扣、鸭嘴扣、日字扣、D 字扣及葫芦扣等,见图 2-4-35。

对扣　　　　　　　卡扣　　　　　　　鸭嘴扣　　　　　各式环扣

图 2-4-35 形式多样的装饰扣袢

任务评价

你是否达到本阶段的学习目标？达到了就美美地给自己画个"☺"，基本达到画"☺"，没有达到画"☹"，继续努力吧！

序号	任务目标	是否达到
1	了解纽扣的种类与选配因素	
2	了解拉链的种类与选配因素	

自我综合评价：

任务拓展

请同学谈谈下列设计作品中紧扣类材料的作用及设计亮点，见图 2-4-36。

图 2-4-36　紧扣类材料在服装中的运用分析

思考与练习

1. 什么叫紧扣类材料？它们在服装中的作用有哪些？

2. 紧扣类材料有哪些种类？它们各自的用途有哪些？

3. 简述拉链的选配原则。

4. 利用周末到市场拍摄你认为紧扣类材料运用得很有创意的服装。

5. 到辅料市场拍摄各类紧扣类材料的图片并保存在自己的云盘里，作为今后设计用的素材。

任务六 商标和标志

　　商标就是品牌的专属标志,一般是由文字、图形和颜色等要素组合而成的具有显著特征的图形符号,用以将一个企业的商品或服务区别于另一个企业的商品或服务,如家喻户晓的"苹果""可口可乐"等品牌标志。在现代商业社会,商标除其标识功能外,更是一个品牌质量与信誉的象征,是企业的一种无形资产,如世界著名奢侈品牌香奈儿(CHANEL),其品牌价值估值为 103.16 亿美元,约为 722.12 亿元人民币。除品牌专属标志外,根据国家及行业相关标准,服装产品上还必须有用以指导消费者选购和使用的标志,如号型标志、成分标志及洗涤标志等。

一、商标

1. 商标的作用

　　(1) 识别作用　商标是商品来源或者服务提供的标识,识别作用是其基本属性。

　　(2) 宣传作用　商标是企业的无形资产,是信誉的保障,具有广告推广的作用,能为企业带来更好的经济效益。因此,商标设计的基本要求是易读、易记和易辨。

　　(3) 指导作用　通过商标上的信息,消费者可以获得生产地(经销商)、成分、码号及产品类别等信息,以指导消费者选用。

　　(4) 监督作用　商标是企业形象和产品质量的象征,可促进生产者或经营者不断提高和稳定产品或服务的质量。

2. 商标的使用权限

　　(1) 注册商标　是指经国家商标主管机关核准注册使用的商标。我国商标法规定,商标一经注册,商标注册人享有商标专用权,其他人不得使用或注册相同内容的商标。经签订合同可以转让注册商标使用权。已经核准注册的商标(包括商品商标和服务商标)其右上角有"R"符号标识,见图 2-4-37。

　　(2) 未注册商标　是指未经国家商标主管机关核准而自行使用的商标。我国商标法规定,除了人用药品、烟草制品及兽药必须使用注册商标外,其他商品既可以使用注册商标,也可以使用未注册商标。但未注册商标使用人不享有商标专用权,无权排除他人在同一种商品或类似商品上注册相同或近似的商标,若被他人抢注,还会被禁止继续使用该商标。

图 2-4-37　耐克品牌商标

知识链接

对商标内容的规定

　　根据我国最新颁布的《商标法》，商标所使用的文字、图形或其组合应当具有显著特征，便于识别，但不得使用下列文字和图形：

　　（1）和我国或外国的国家名称、国旗、国徽、军旗及勋章相同或相近的。

　　（2）和政府间国际组织的旗帜、徽记、名称相同或相近的。

　　（3）和"红十字""红新月"标志、名称相同或相近的。

　　（4）本类商品通用的名称和图形。

　　（5）直接表示商品的质量、主要原料、功能、用途、重量、数量及其他特点的。

　　（6）带有民族歧视的。

　　（7）夸大宣传并带有欺骗性的。

　　（8）有害于社会主义道德风尚或有其他不良影响的。

3. 商标的材质

　　商标是企业向消费者传递信息的视觉语言，它代表着企业的形象与文化内涵。从营销学的角度讲，商标是整体产品的一个重要组成部分，商标的材质、大小和颜色都应该与品牌定位、产品风格协调一致。服装商标常用材质有纺织品、纸制、革制、金属及树脂等，见图 2-4-38。

图 2-4-38　不同材质的商标

二、标志

　　除商标外，许多服装品牌都设计了自己独特的标志，使产品具有鲜明的品牌印记。这些显而易见且蕴含着品牌个性、情感及文化等特性的标志具有比文字表达更直观、简洁和醒目的视觉表现力，更易吸引消费者的关注和引发共鸣。图 2-4-39 为德国著名品牌阿迪达斯（Adidas）的系列标志及其在产品上的运用。

图 2-4-39 阿迪达斯品牌系列标志及其在产品上的运用

1. 服装上主要标志

根据国家标准 GB/T 5296.4—2012《消费品使用说明 第 4 部分：纺织品和服装》，纺织与服装产品的使用说明中强制性标识的内容有七项：制造者的名称和地址、产品名称、产品号型或规格、纤维成分及含量、维护方法、执行的产品标准和安全类别，见表 2-4-14 与图 2-4-40。其中，产品号型或规格、纤维成分及含量、维护方法这三项内容必须采用耐久性标签，如果耐久性标签对产品的使用有影响，例如布匹、绒线、袜子、手套等产品，可不采用耐久性标签；团体定制且为非个人维护的产品，可不采用耐久性标签，例如酒店统一采购和维护的床上用品和毛巾等产品。

表 2-4-14 我国纺织服装产品常用的标识说明

类别	标志		说明	标识位置
强制性标识	尺码标志	号型制	用号表示人的身高，型表示人的围度。上装表示胸围，下装表示腰围，表示方式：号/型＋体型代号，如 160/84A。在我国服装号型标准中，将我国人体体型划分为四类：A（标准体）、B（微胖体）、C（胖体）、Y（瘦体）。这种方式常用于制服、西服、时装	采用耐久性标签。为了方便消费者的选用，尺码标志都缝制在服装最明显的部位，一般上装在后领中部，下装在后腰中部，如后开口的服装，就缝制在服装左侧缝或后领左片靠近中线处
		代号制	内销服装常用代号形式：S（小号）、M（中号）、L（大号）、XS（加小号）、XL（加大号）。这种方式常用于合体度不高的休闲类服装	
		胸围制	用服装的胸围或臀围表示服装的规格。这种方式常用于毛衣和内衣等针织服装	
		领围制	用服装的领围表示规格大小这种方式主要用于正装男衬衫	

（续表）

类别	标志	说明	标识位置
强制性标识	成分标志	纺织产品按 FZ/T 01053—2007《纺织品　纤维含量的标识》的规定，标明服装面料、里料、主要辅料所用纤维的成分、含量，皮革服装按 QB/T 2262—1996《皮革工业术语》标明皮革的种类名称	采用耐久性标签，一般缝制在服装的左侧缝，并印刷在服装的纸吊牌上
	洗涤说明	应按 GB/T 8685—2008《纺织品　维护标签规范　符号法》规定的图形符号表述维护方法，以指导消费者正确洗涤和保养服装	
	产品名称	国家标准、行业标准对产品名称有术语规定的宜采用标准规定名称，没有术语规定的应使用消费者不会误解或混淆的名称	常印制在吊牌上
	执行的标准	产品所执行的国家、行业、地方或企业的产品标准编号	
	安全级别	根据 GB 18401—2010《国家纺织产品基本安全技术规范》标明产品的安全类别，分为 A 类（婴幼儿服装）、B 类（直接接触服装）和 C 类（非直接接触服装）	
	制造者的名称和地址	纺织品和服装应标明承担法律责任的制造者依法登记注册的名称和地址；进口纺织品和服装应标明该产品的原产地（国家或地区），以及代理商或进口商或销售在中国大陆依法登记的注册的名称和地址	
非强制性标识	产品等级	标明产品的质量等级	常印制在吊牌上
	条码	利用条码数字表示服装的产地和类别等，以方便电子化管理	
	使用和贮藏注意事项	因使用不当可能造成产品损坏的产品，宜标明使用注意事项，有贮藏要求的应说明贮藏方法	

合格证

品名：连衣裙
款号：LYQ2017—112
等级：一等品
颜色：白色
成分：面　100%涤纶
　　　里　100%涤纶
规格：160/84A
检验员：⑤
类别：符合GB18401-2010　B类
执行标准：FZ/T81004-2003

洗涤说明

制造商：XXXXXXXXXXXXXXXXX
地　址：XXXXXXXXXXXXXXXXX
电　话：XXXXXXX　传真：XXXXXXX
www.xyz.com

RMB:669元

6 943909 920687

纸制标签常见标识内容

耐久性标签，多用涂层纺织品印制或编织、刺绣

不少品牌利用云技术，开始使用二维码标签，可以包含更多内容

裤装标签常见位置

上装标签常见位置

图 2-4-40　服装上常用标签及其缝制位置

2. 成分标志的标识规范

为方便消费者选用,根据我国纺织行业标准 FZ/T 01053—2007《纺织品纤维含量的标识》,每件制成品都需附纤维含量标志,俗称成分唛。纤维的含量以该纤维占产品或产品某部分纤维总量的百分率表示,表示方法见图 2-4-41。

棉 100%	60% 棉	50% 棉	60% 棉	60% 棉
	30% 涤纶	50% 涤纶	36% 涤纶	36% 涤纶
纯棉或全棉	10% 锦纶		4% 黏胶	4% 其他纤维

面料:80%羊毛/ 20%涤纶	面料:100%涤纶	前片:65%羊毛 35%涤纶
里料:100% 涤纶	里料:100% 涤纶	领:100%羊毛
	填充物:灰鸭绒(含绒量 90%)	其余:100% 涤纶
	填充量:150g	

说明:

■ 含一种成分的产品,在纤维名称前或后加"100%""纯"或"全"。

■ 含两种及以上纤维成分的产品,一般按纤维含量递减顺序列出每一种纤维的名称及含量;当每种成分含量相同的,纤维的成分可任意排列。

■ 含量≤5%的纤维,可列出该纤维的具体名称,也可用"其他纤维"来表示;当产品中有两种及以上含量各≤5%的纤维且总量≤15%时,可集中标为"其他纤维"。

■ 有里料的服装,应该分别标明面料、里料纤维的成分及各自含量;含有填充料的服装,应分别标出面、里及填充料的纤维成分、含量及填充量。

■ 由两种及以上不同织物构成的产品,应分别标明每种织物的纤维成分与含量;面积不超过产品表面积 15%的织物可不标。

图 2-4-41 成分标志的标识规范

3. 洗涤标志的标识规范

为指导消费者科学洗护,以免因洗护不当而造成产品的不可回复损伤,服装上必须有洗涤标志,也称洗水唛。通过洗涤商标上的洗涤符号帮助消费者选择合理的洗护方法。在国家标准 GB/T 8685—2008《纺织品维护标签规范符号法》中,对各种洗涤符号进行了规范说明,基本符号及其使用说明见表 2-4-15。

表 2-4-15 服装洗涤基本符号及描述一览表

基本符号	描述
ᨕ	用洗涤槽表示水洗程序,代表手洗或机洗的家庭洗涤程序,用于表达允许的最高的洗涤温度和最剧烈的洗涤条件
△	用三角形表示漂白程序
□	用正方形表示干燥程序

（续表）

基本符号	描述
	用手工熨斗表示熨烫程序
	用圆圈表示(不包括工业洗涤的)专业干洗和专业湿洗的维护程序
	在前五个基本符号上叠加"×",表示不允许进行这些符号代表的处理程序
——	在前五个基本符号下面添加一条横线,表示与基本符号相比,该程序的处理条件较为缓和
═══	在前五个基本符号下面添加两条横线,表示其处理条件应更加缓和
·	在干燥和熨烫符号中用圆点表示处理程序的温度

三、服装对商标、标志的要求

商标是企业重要的无形资产,代表着企业形象和其优良的商业信誉,能给企业带来良好的经济效益。因此,商标本身就应该品质优良、规范标准。对于服装品牌的商标和标志有以下基本要求:

（1）品牌商标要织纹、印刷清晰,手感软硬适中,色牢度好,不掉色、窜色;纸质吊牌内容要完整、正确,印墨不掉色、均匀,条形码清晰、准确,用扫码仪能迅速识别。

（2）标识及图形符号使用规范,符合国家及行业相关标准,内容正确,不自相矛盾。

（3）各种标志的位置正确、合理,缝合牢固美观,不歪斜,缝线要配色。

任务评价

你是否达到本阶段的学习目标？达到了就美美地给自己画个"☺",基本达到画"😐",没有达到画"☹",继续努力吧！

序号	任务目标	是否达到目标
1	了解并掌握服装常用辅料的类型及各自的作用	
2	能根据服装的款式造型特点、面料和工艺需求等因素合理选配所需辅料	
3	各任务的思考与练习均能顺利完成且正确率高	
4	与小组成员配合协调,顺利完成了小组各项任务	

自我综合评价：

任务拓展

判识下列产品是什么品牌？并谈谈这些品牌的特色。

图 2-4-42 拓展训练——识别品牌标识

思考与练习

1. 什么叫商标？举例说明商标的重要性。

2. 注册商标与非注册商标有什么不同？

3. 什么叫标志？服装上常用的标志有哪些？一般缝制在哪些位置？

4. 简述纤维成分的标识方法。

5. 收集自己喜欢的品牌商标及其标志图片。

项目五　服装洗涤与保管

内容透视

　　不同原料制成的服装,其洗涤与保管方式也不同,错误的洗涤与保管方式不仅会影响服装的外观和性能,而且会缩短服装的穿用寿命。

　　纤维原料是服装的主要材料,本项目以纤维类服装为例介绍相关的洗涤、熨烫与保管方法。

总体目标

　　1. 了解棉、麻、丝、毛及化纤类服装的洗涤方法;
　　2. 了解棉、麻、丝、毛及化纤类服装的保管方法。

任务一　污渍、洗涤剂与洗涤方式

任务导入

　　服装是一件特殊的商品,在生产、销售和使用过程中都会接触到各种不同的尘垢,包括外来的污物和人体皮肤的分泌物。尘垢若不及时清除,则会深入到面料内部,堵塞气孔、妨碍正常透气与排汗,引起人体不适,更会滋生细菌,损害面料并威胁人体健康,因此服装必须勤洗勤换。

　　污渍的来源不同、纤维的种类不同,所使用的洗涤剂与洗涤方式也各不相同。

任务实施

一、污渍

　　任何其他物质沾在服装上面,都有可能成为服装的污渍,即使有些物质本身不一定是脏的。例如,饭粒在饭碗里是干净的,但是假如沾到衣服上就被认为是脏的。因此,污渍的种类很多,某知名品牌号称污渍有"99 种",这一点都不夸张。

按污渍来源不同,可分为两种:一种是来自于人体,包括皮肤油脂和汗液等,另一种是来源于生活环境,如空气粉尘、织物绒毛、泥土、饭菜以及油墨等。

按污渍形态不同,可分为四类。

1. 水性污渍

主要是雨水、汗水、果汁、酱油等,这类污渍能够溶于水,沾上后立刻水洗能够除净,但果汁、酱油中的色素往往是不溶于水的,需要通过别的方法进行洗涤。

2. 油性污渍

主要是人体皮脂分泌物、动植物油脂、机油、油漆和化妆品等,它们在服装上粘附性很强且不溶于水,普通洗涤较难洗净,但可以使用某些有机溶剂或含有表面活性剂的洗涤剂清洗干净。如果残留的油性污渍在空气中氧化或形成顽固性污渍,就会使纤维变色。

3. 固体污渍

以空气中的灰尘和沙土等为主,颗粒较小,可以通过轻轻拍打或刷子刷除。当与水性污渍或油性污渍混在一起时,可以利用肥皂和洗涤剂中的表面活性剂吸附、分散,使其脱离服装。

4. 蛋白类污渍

蛋白类污渍是服装中的顽固污渍之一,来自血液、牛奶和鸡蛋等,刚沾着服装时是水溶性的,但是受外界条件影响,会成为不溶于水并难以去除的污垢。这类污渍通常需要靠洗涤剂中含有的蛋白分解酶分解去除。

二、洗涤剂

洗涤的过程,就是借助洗涤剂使粘附在服装上的污渍脱离服装的过程。因此一般洗涤中,洗涤剂是必不可少的。洗涤剂种类也很多,基本上可以分为水洗剂和干洗剂两种。其中水洗剂有肥皂、合成洗衣粉、洗衣片和洗涤剂等;干洗剂有四氯乙烯和石油溶剂等。不同洗涤剂的适用纤维类型见表 2-5-1。

表 2-5-1　洗涤剂适用纤维类型

洗涤剂种类		适用纤维类型
水洗剂	肥皂	棉、麻、化纤及棉麻与化纤的混纺、交织织物
	一般洗衣粉	棉、麻纤维或人造纤维
	液体洗涤剂	棉、麻、丝、毛、羽绒和合成纤维等,适用范围较广
	加酶洗涤剂	棉、麻、化纤等较脏的衣物,尤其是带有奶渍、血迹等蛋白类污渍的
	含荧光增白剂的洗涤剂	浅色棉麻织物,例如夏季服装和床上用品,能增加其白净程度和光泽度
	丝毛专用洗涤剂	性质温和,不带碱性,适用于娇贵的羊毛、羊绒及丝绸类服装
干洗剂		呢绒服装、高档羊毛衫、裘皮服装以及高档真丝服装

注:洗涤剂的适用范围,应根据具体产品确定。最实用的方法是,购买或使用洗涤剂前要看清产品包装上关于适用范围的说明文字,不要光看广告。

三、洗涤方式

(一) 按洗涤用具

服装的洗涤方式按照洗涤用具不同,可分为手洗和机洗两种。

1. 手洗

手洗有搓洗、揉洗、挤压洗和刷洗等方式。搓洗指的是用搓衣板或双手,反复摩擦作用于衣物,在水与洗涤剂的共同作用下,对衣物进行清洗的过程,适合于局部较脏的衣物,清洗效果好于机洗。揉洗则是大把揉搓,适用于不太脏的衣物,以及比较娇贵的衣物。挤压洗指的是通过对衣物的挤压,使皂液与衣物充分接触并产生作用,适用于容易缩绒和不宜揉搓的羊毛类衣物。刷洗指的是将衣物平铺后,用软/硬毛刷蘸上洗涤液刷洗,刷子要顺着布纹刷,适用于质地厚实、结构紧密以及污渍较多的衣物。

2. 机洗

机洗是采用洗衣机或专用洗衣设备洗,有标准洗、强洗和弱洗等。大部分服装均可用洗衣机洗涤,但需注意洗涤的力度和甩干的速度。容易拉扯变形的针织衫可套上洗衣袋后洗涤;表面有较多装饰物的服装和羊毛类服装(除非注明可机洗)尽量采用手洗。

(二) 按洗涤介质

服装的洗涤方式按照洗涤介质不同,可分为水洗和干洗两种。

水洗是以水为载体,加入洗涤剂并施加机械作用力去除污渍的过程,能去除衣物上的水性污渍和油性污渍,是一种简便、实用的家庭洗涤方法。由于水会使纤维膨胀,加上洗涤过程中的机械作用力影响,会导致服装产生变形、缩水、褪色和搭色等问题。

干洗是用干洗剂洗涤衣物的去污方式。干洗的优点是不但能去除油性污渍,还能保持衣物原有的形态与色泽,做到不变形、不褪色、不缩水缩绒。但其缺点是价格昂贵,不能在家里操作。

四、晾晒方式

服装的晾晒方式要得当,因为阳光中的紫外线会对大部分服装材料的色泽和强度有破坏性的影响。所有服装均不能在烈日下曝晒,以免失去光泽和弹性,严重的还会导致纤维脆化、降低使用寿命。除内衣外的大多服装均应反面朝外晾晒,以免正面被阳光直接照射而褪色并脆化;部分易变形的服装应放入晾衣袋或平摊晾干;部分易起毛易伸长的服装晾晒前不能拧绞,只能悬挂滴干。

▎任务评价

你是否达到本阶段的学习目标?达到了就美美地给自己画个"☺",基本达到画"☺",没有达到画"☹",继续努力吧!

序号	任务目标	是否达到
1	了解污渍的种类	
2	了解洗涤剂的种类	
3	了解各种洗涤方式的特点	

自我综合评价：

任务拓展

在实践中体会各种手洗方式（搓洗、揉洗、挤压洗和刷洗）的特点。

思考与练习

搜集各种洗涤剂包装，填写表 2-5-2。

表 2-5-2　洗涤剂相关信息统计表

洗涤剂编号	品牌	种类 （如液态、粉状、加酶等）	适用范围
1 号			
2 号			
3 号			
4 号			

任务二　不同材料服装的洗涤与晾晒

任务导入

大多服装均可用手洗和洗衣机洗涤，但要注意服装上的污渍类型以及所使用的洗涤剂与洗涤方式，机洗还要注意洗涤的轻重和甩干的速度。

任务实施

一、棉麻服装洗涤与晾晒要点

棉纤维耐碱性强，可用各种肥皂、洗衣粉和洗涤剂洗涤，而且手洗和机洗均适合。洗涤前可放在水中浸泡几分钟，但是不宜过久，否则容易褪色。洗涤时深色服装与浅色服装应分开以防串色。不能用热水洗涤，洗涤用水最高温度应控制在 50 ℃，尤其是贴身内衣不能用热水浸泡以免因汗渍中的蛋白质凝固而难以洗净，从而出现黄色汗斑。棉纤维耐日光性和耐热性一般,长时间日晒会使其褪色、发黄和发脆,晾晒时不能在日光下曝晒,应放在通风处阴干,否则面料容易褪色和发黄,以至损害服装外观。

麻纤维耐碱性与棉相似,对洗涤剂也没有特殊要求。但由于麻纤维刚硬,抱合力差,为避免布面起毛,麻服装洗涤时不能用力揉搓或用硬刷刷洗且洗涤后不能用力拧绞。尽管麻耐日光性很好,但晾晒时也不宜在阳光下曝晒。

 知识链接

耐 酸 碱 性

天然纤维由于组成成分不同,耐酸碱性能优劣也不相同。

棉麻纤维的组成成分是纤维素,耐碱性较好、耐酸性差;丝毛纤维的组成成分是蛋白质,耐酸性好、耐碱性差。再生纤维中,再生纤维素纤维的耐酸碱性与棉麻纤维相似;再生蛋白质纤维的耐酸碱性与丝毛纤维相似。合成纤维耐酸碱性普遍好于天然纤维和再生纤维。

为避免破坏纤维,一般棉麻面料不能用酸性染料进行染色,丝毛面料不能用碱性染料染色且不能用含碱量高的普通洗涤剂洗涤。

合理利用纤维的耐酸碱性,能够得到许多意想不到的效果。例如棉布的丝光作用,是利用棉纤维在碱溶液中膨润变圆的特点,使其光学性能得到改善,从而使面料呈现丝一般的光泽。利用桑蚕丝(或涤丝)与人造丝(或棉纤维)不同的耐酸性能制作的烂花布,也是巧用耐酸碱的具体案例。另外,涤纶面料通过碱减量处理和柔软、亲水性防污整理可制造仿丝绸产品,既有真丝的外观和手感,也具有真丝的透气性,还保有涤纶良好的抗皱性和洗可穿性,而且价格远远低于真丝产品,因此受到人们的普遍欢迎。

二、丝绸服装的洗涤与晾晒要点

丝绸服装大多属于高档服装,纤维比较娇贵,尽量不采用机洗。如绒类服装一般应采用干洗且不宜常洗涤,否则绒毛容易脱落。桑蚕丝纤维对碱敏感,不能使用普通洗涤剂而应采用中性皂或丝毛洗涤剂。丝绸制品多为缎纹组织,表面浮长较长,经常摩擦或用刷子刷洗,浮线容易断裂,导致绸面起毛,因此手洗时不能用力刷洗,只能轻轻揉搓。洗涤完毕轻轻挤干水分,不能用力拧绞。

丝纤维耐光性差,丝绸服装必须晾在阴凉通风处,不宜晒干或烘干。丝纤维耐盐性差,汗液的主要成分是盐,会直接破坏丝绸面料,因此夏季的丝绸服装应即换即洗。

三、呢绒服装的洗涤与晾晒要点

高档呢绒服装一般做工精良,使用辅料较多,应尽量采用干洗,以免因辅料与面料缩率不同导致服装皱缩变形,或因衬料上的黏合剂不耐水洗脱落导致服装起泡。同时呢绒服装不能多洗,例如暂时不穿的粗纺呢绒类服装,可以挂起来以后轻轻拍打或用软毛刷去除绒毛间滞留的灰尘即可。当毛料服装表面吸附上其他纤维或不容易掸掉的灰尘时,可以用宽胶带纸在服装上滚动粘走灰尘。

普通呢绒服装适宜水洗,机洗会产生缩绒,导致服装尺寸变小、手感和弹性变差。呢绒服装洗涤温度应控制在 40 ℃以下,否则也会产生缩绒。羊毛纤维耐碱性与丝纤维相同,都很差,因此也应使用中性洗涤剂或羊毛专用洗涤剂。

呢绒服装的手洗方式主要是挤压洗与刷洗两种,洗涤时间不宜过长,刷洗时要使用软毛刷。洗涤后不要用力拧绞以免辅料移位变形,用力挤出水分后进行整形,最好平摊晾干。晾晒时不要在阳光下曝晒,以免使羊毛纤维失去原有光泽和强度。

四、黏胶纤维服装的洗涤与晾晒要点

黏胶纤维湿态强度只有干强的一半,所以黏胶纤维服装在水中不宜浸泡过长时间,洗涤时以大把揉搓为主,切忌用刷子刷洗或局部用力揉搓。

黏胶纤维的耐碱性与棉麻纤维相似,大部分洗涤剂都可使用,洗涤时水温控制在常温以下,洗涤后不宜拧绞,挂在阴凉处阴干。

五、合成纤维服装的洗涤与晾晒要点

合成纤维服装洗可穿性好,对洗涤剂要求不高,常见洗涤剂均可使用。合成纤维服装既可机洗,也可手洗,手洗以大把揉搓为主,较脏部位可采用刷洗或搓洗。

六、羽绒服装的洗涤与晾晒要点

羽绒服装主要采用手洗方式,也可用滚筒式洗衣机洗涤。手洗前先用冷水浸湿,挤出水分后放入带中性皂液的冷水中浸泡,再将服装平摊,用软毛刷刷洗。洗净后用清水漂净皂液成分,放入网兜沥干水分,然后用衣架挂在阴凉处晾干。等羽绒服干透后轻轻拍打,即可使羽绒恢复蓬松状态。

七、其他面料服装的洗涤与晾晒要点

(1)起绒类面料如平绒、灯芯绒、金丝绒以及天鹅绒等均不宜刷洗,且大把揉搓,待干透后用软刷顺绒毛倒向刷。

(2)数码印花、金粉印花等服装不能机洗或刷洗,否则印花容易被洗掉。

(3)表面装饰物较多的服装不能机洗,因为装饰物多为硬质材料,容易磨损破坏衣物。

(4)蕾丝面料服装不要与带钩袢较多的服装一起机洗,应尽量采用单独手洗。

(5)除内衣外,其他服装均需反面朝外晾晒,以免面料发黄、发脆,影响穿着。

(6)紫外线会破坏服装纤维,所有服装均不能在烈日下曝晒,尤其是午后紫外线最强的一段时间。一般晾晒时间可选择上午八九点钟。

任务评价

你是否达到本阶段的学习目标?达到了就美美地给自己画个"☺",基本达到画"☺",没有达到画"☹",继续努力吧!

序号	任务目标	是否达到
1	了解常见纤维类服装的洗涤要点	
2	了解常见纤维类服装的晾晒要点	

自我综合评价：

任务拓展

上网搜索因使用波轮洗衣机洗羽绒服而引起爆炸的新闻，请根据新闻报道概括一下爆炸原因并说一说羽绒服正确的洗涤方式。

思考与练习

说一说平时洗衣服的时候哪些洗涤与晾晒方式是错误的。

任务三　不同材料服装的熨烫

任务导入

服装缝制及穿着、洗涤过程中会产生各种变形，如褶皱、极光、起拱、歪斜以及烫迹线消失等。服装的熨烫是根据材料的热可塑性原理，利用熨斗进行加热定形以使服装平挺、外形美观的过程。温度、湿度、压力、时间和去湿冷却是熨烫的五大要素，均与构成服装的纤维材料有直接关系。

任务实施

一、熨烫五大要素

1. 温度

加热能使分子活动加剧，在外力作用下容易发生变形。熨烫温度主要由纤维性能决定。过高的熨烫温度会使合成纤维收缩、熔融、硬化，天然纤维虽然不会收缩熔融，但是会烫黄烫焦，同样影响服装外观。熨烫温度应根据纤维原料的性能而定，当垫布时，熨烫温度可略高。

2. 湿度

纤维是热的不良导体，只有通过水分才能使热量快速进入纤维内部，从而达到熨烫定形的目的。同时，熨烫时如果没有水分会使熨斗温度快速飙升，导致面料焦煳。熨烫给湿方式有两种：盖湿布和熨斗喷蒸汽，其中盖湿布只适用于家庭熨烫。

当然不是所有的服装熨烫均需加湿，如维纶和柞丝绸不能加湿熨烫，否则前者会引起严重收缩,后者则会产生洗不掉的水渍。

3. 压力

熨烫的过程是使面料变形的过程,为达到重新塑型的目的,必须对面料施加一定的压力。压力的大小与面料的结构和服装的款式有关,如毛绒类面料熨烫时压力不能过大,否则绒毛容易倒伏,甚至部分面料不能与熨斗直接接触,应悬空虚烫;而有烫迹线(挺缝线)的裤装、有规则褶裥的服装,熨烫时应稍用力,使烫痕明显。

4. 时间

熨烫时间是指熨斗停留在面料同一部位的时间长短。由于面料导热性差,熨烫时间过短则服装不能充分定型,而熨烫时间过长则会导致服装局部温度过高而烫坏,因此掌握恰当的熨烫时间同样重要。

5. 去湿冷却

面料在温度、湿度和压力的作用下产生的变形只是暂时的,只要还残留温度和湿度等变形条件,面料受力之后肯定会再次变形。为巩固熨烫效果,必须通过快速冷却,强行让纤维分子达到静止状态。去湿冷却方法通常有自然法和机械法两种。自然法指服装自然冷却降温,也可采用表面较凉的物体如铁尺等辅助降温。机械法主要指抽湿冷却,即利用烫台的吸风功能,把服装中的水汽和热量快速抽走以达到迅速冷却和去湿目的。

二、不同材料服装的熨烫要点

1. 棉麻服装熨烫要点

棉麻服装不追求平挺的穿着效果,因此通常不需要熨烫。折皱太多影响外观时可适当熨烫,熨烫方法非常简单,在服装反面直接喷水熨烫,熨斗温度控制在二至三档之间(熨斗上有相应标注,见图 2-5-1)。如正面熨烫则必须盖布以免烫出极光。

麻类服装熨烫时要注意褶裥处不宜重压以免纤维折断。

图 2-5-1 熨斗温度调节分档示意图

2. 丝绸服装熨烫要点

丝绸面料熨烫温度可以控制在二档偏上,反面可直接熨烫,正面熨烫时必须盖布。柞丝绸熨烫时应避免喷水以免造成水渍难以去除,从而影响面料外观。

丝绒类面料不宜正面用力压烫,否则容易导致绒毛倒伏,从而严重影响外观。一般是顺绒毛倒伏方向采用喷汽悬烫,即熨斗不接触面料,利用蒸汽使面料恢复平整。

3. 呢绒服装熨烫要点

毛纤维表面有毛鳞片,正面熨烫会使毛鳞片倒伏,所以呢绒面料正面熨烫时必须盖湿布,以免产生极光现象。羊毛织物干态抗皱性较好,熨烫效果保持时间较长,但湿态抗皱性很差,一旦洗涤后需要重新熨烫才能使服装平服。

呢绒服装熨烫温度控制在二至三档,盖湿布时温度可达到三档。毛纤维吸水性非常好,假如呢绒服装中的水分没有烫干,表面会有褶皱或起泡,因此烫平后应断续盖干布将服装表面烫干。

4. 黏胶纤维服装熨烫要点

黏胶纤维熨烫温度与棉麻纤维相似,而且容易定形,一烫就倒,但是熨烫时不能用力拉扯以防变形。

5. 合成纤维服装熨烫要点

（1）涤纶纤维

涤纶纤维弹性与抗皱性均较好,日常穿着和洗涤过程中一般不会折皱,不需要熨烫。当出现折痕后只需在相应部位的反面熨烫即可。熨烫时必须喷水,熨烫温度保持在二档略高。温度过高会导致纤维软化熔融,深色服装尤其要控制熨烫温度,否则容易变色。烫平烫挺后不要直接移动,须等熨烫部位降为常温后移动以避免二次折皱。

（2）锦纶纤维

锦纶服装不易保持平整,但熨烫较为方便,正面熨烫时盖上湿布,熨烫温度一般不超过二档。

6. 其他服装熨烫要点

（1）大多服装在湿润或半湿润的状态下抖直抚平,也能起到一定的平整作用。

（2）对于不了解熨烫性能的服装材料,应先在小样上,或在服装不显眼处进行试烫,然后再进行正式熨烫。

（3）有氨纶纤维的服装,应适当降低熨烫温度。

（4）维纶在湿热条件下缩率很大,因此熨烫时不能喷水熨烫,应盖干布熨烫,熨烫温度控制在二档以下。

▌任务评价▐

你是否达到本阶段的学习目标?达到了就美美地给自己画个"☺",基本达到画"☺",没有达到画"☹",继续努力吧!

序号	任务目标	是否达到
1	了解熨烫的五大要素	
2	了解常见纤维类服装的熨烫要点	

自我综合评价:

任务拓展

推、归、拔是重要的手工熨烫工艺，查找相关资料，并填写表 2-5-3。

表 2-5-3 推、归、拔的代表符号与操作要点

熨烫工艺	代表符号	操作要点
推		
归		
拔		

思考与练习

收集几种面料小样进行耐热性试验，并在表 2-5-4 中填写试验现象（是否变色，是否烫黄，是否烫焦，以及是否软化熔融等）。

表 2-5-4 面料耐热性试验记录单

贴样处	原料名称	熨烫温度（熨烫时间不超过 5 s）		
		一档	二档	三档

任务四　不同材料服装的保管

　　大部分服装的保管时间长于穿着时间,因此服装的保管环节显得尤为重要。由于服装的原料各异,保管方法也不尽相同,只有在掌握各类服装性能特点的基础上,才能正确保管服装。同时,服装的损坏大多为不可逆过程,只有在损坏前做好预防工作,才能有效保证服装的质量。

一、服装材料在保管过程中产生的损坏及预防

1. 霉变

　　由于天然纤维和再生纤维吸湿性好,易使服装吸收水分,散发热量,从而给霉菌提供适宜的生长环境。轻微程度的霉烂表现为服装表面产生黄色、灰绿色或黑色斑点,影响服装外观;严重程度的霉烂表现为纤维组织破坏,纤维强度下降,面料失去光泽并变脆,更严重时用手轻触即破。

　　预防霉变的方法,就是避免形成霉菌生长的条件。首先要保证贮存环境干燥与低温,可适当使用干燥剂与防霉剂。企业大批储存时,应注意仓库的通风、散热与防潮,家庭服装储存时,只要做到以下三点就能防霉:服装必须洗净无污渍;将服装放入密封塑料袋保存;潮湿季节适当晾晒,冷却后仍密封保存。

2. 虫蛀

　　蛋白质纤维材料,如羊毛、羊绒和丝绸等如果保管不当会受到白蚁、囊虫和衣蛾等害虫的侵害,在服装表面形成明显洞孔,不仅影响服装外观,而且危害服装内在质量。另外服装上的油渍也会引来蛀虫。

　　防蛀的重点同样是避免形成蛀虫生长繁殖的条件。首先必须保持服装干燥清洁,保证储存环境干燥通风。另外用防虫药剂如樟脑丸驱虫。

3. 脆化

　　脆化是指面料强度下降,服装容易破损。导致脆化的原因有面料受潮霉变、长期日晒风吹、染整过程中染料和其他助剂的影响等。预防服装脆化的方法主要是防潮和避免阳光直射。

二、不同材料服装的保管要点

1. 棉、麻及黏胶纤维服装保管要点

棉纤维和黏胶纤维不易虫蛀,但因吸湿性好而导致霉菌极易繁殖。霉菌会使纤维素降

解脆化,霉斑还会在面料表面着色,严重影响服装外观,因此这一类服装在存放、使用和保管过程中应注意防潮防霉,晾干后尽量存放在通风干燥处或用真空袋隔绝空气包装。

麻纤维有天然抑菌作用,防微生物性较好,不易霉变,不会虫蛀,保管较方便。

2. 丝绸服装保管要点

丝纤维耐微生物性较差,既易霉变也会被虫蛀,因此保管时不但要隔潮干燥,也要放入樟脑丸防蛀,但樟脑丸不能直接接触服装。

香云纱面料表面有一层胶质涂层,保管时不能折叠,否则容易脱胶,影响外观。

薄纱类面料不能长时间挂在衣架上,否则肩头等受力部位容易被衣架撑开变形。

3. 呢绒服装保管要点

羊毛纤维耐微生物性同样很差,收藏前要洗涤干净,晾干、凉透后保存,在口袋等处放入用布或纸包好的樟脑丸防蛀。

呢绒服装不能长期穿着,最恰当的方式是两三套换着穿,使羊毛纤维有充分的回缩与休息时间。暂时不穿的呢绒服装尽量采用挂装式保存以免叠压时被挤压变形。挂装时尽量反面朝外以免褪色。

4. 合成纤维服装保管要点

合成纤维服装既不会霉变也不会虫蛀,保管比较方便。但与天然纤维混纺或交织时,保管方法应按天然纤维的保管方法执行。防蛀处理时,樟脑丸应用纸或布包好,避免与面料直接接触,否则会使合成纤维膨胀变形。

5. 其他服装保管要点

除合成纤维类服装外,其他服装均易在高温高湿环境下发霉,因此夏季应晾晒几次,待凉透后按原样贮藏。

同种纤维类服装存放时,最好将浅色和深色分开以免搭色。

针织类服装易伸长变形,不能用衣架挂起,应折平后保存。

毛皮和皮革等高档服装保管难度较大,可选择存放在专业干洗店。

▌任务评价

你是否达到本阶段的学习目标?达到了就美美地给自己画个"☺",基本达到画"☺",没有达到画"☹",继续努力吧!

序号	任务目标	是否达到
1	了解霉变、虫蛀及脆化的特点	
2	了解常见纤维材料服装的保管要点	

自我综合评价:

▌任务拓展

家庭服装保管中,还有很多小诀窍可用于防潮、防蛀处理,请收集并整理。

思考与练习

简述服装保管的原则。

任务五　常用服装洗涤维护标志

任务导入

服装上的吊牌、标签等，都是服装生产企业给出的关于产品规格、性能及使用等方面的说明，指导消费者科学、正确地选购和使用服装商品，指导洗涤者和专业干洗者对服装商品选择适当的清洗和维护方法。

任务实施

服装说明中必须标注的内容包括生产厂家、产品名称、执行产品标准、产品规格、纤维含量、洗涤熨烫标志、质量合格标志以及纺织产品安全等级等，除洗涤熨烫标志以图形形式表示外，其余全部以文字或字母形式表示（具体要求见 GB 5296.4—2012《消费品使用说明　纺织品和服装使用说明》）。

服装上的洗涤熨烫符号均按 GB/T 8685—2008《纺织品　维护标签规范　符号法》规定执行，见表 2-5-5。

表 2-5-5　常用标签规范符号一览表

程序	符号	说明	符号	说明
水洗程序	〔60〕	最高洗涤温度 60 ℃ 常规程序	〔40〕	最高洗涤温度 40 ℃ 缓和程序
	〔40〕	最高洗涤温度 40 ℃ 非常缓和程序	〔手洗〕	手洗 最高洗涤温度 40 ℃
	〔不可水洗〕	不可水洗	—	—
漂白程序	△	允许任何漂白剂	〔CL〕	允许使用含氯的漂白剂 只能使用稀释的冷溶液
	〔不可漂白〕	不可漂白	—	—

（续表）

程序		符号	说明	符号	说明
干燥程序	自然干燥	⊡	悬挂晾干	⊡	在阴凉处悬挂晾干
		⊡	悬挂滴干	⊡	在阴凉处悬挂滴干
		⊡	在阴凉处平摊晾干	⊡	在阴凉处平摊滴干
	翻转干燥	⊙	可使用翻转干燥 较低温度,排气口最高温度60 ℃	⊙⊙	可使用翻转干燥 常规温度,排气口最高温度80 ℃
		⊠	不可翻转干燥	—	—
熨烫		⊡	熨斗底板最高200 ℃	⊡	熨斗底板最高150 ℃
		⊡	熨斗底板最高110 ℃ 蒸汽熨烫可能造成不可回复的损伤	⊠	不可熨烫
专业维护		Ⓐ	可以用所有干洗剂干洗 包括符号P和符号F中列出的所有溶剂	Ⓟ	使用四氯乙烯和符号F代表的所有溶剂的专业干洗 常规干洗
		Ⓟ	使用四氯乙烯和符号F代表的所有溶剂的专业干洗 缓和干洗	Ⓕ	使用碳氢化合物溶剂的专业干洗 常规干洗
		Ⓕ	使用碳氢化合物溶剂的专业干洗 缓和干洗	⊗	不可干洗

　　注1:符号应按水洗→漂白→干燥→熨烫→专业维护的顺序排列,例某棉质服装的吊牌上注明的标签为 ⊡ △ ⊡ ⊡ Ⓐ 。

　　注2:如有必要时,符号后面可附加相关说明用语,例如深色的天然纤维服装在标注水洗符号时可附加"分开水洗"说明用语;有珠片的服装在标注熨烫符号时可附加"不可熨烫珠片装饰品部位"说明用语。

▌任务评价

　　你是否达到本阶段的学习目标?达到了就美美地给自己画个"☺",基本达到画"☺",没有达到画"☹",继续努力吧!

序号	任务目标	是否达到
1	了解服装洗涤熨烫标志基本符号	
2	了解服装洗涤熨烫常用符号	

自我综合评价：

任务拓展

打开衣柜,或去市场收集五件服装的标签,并填入表 2-5-6。

表 2-5-6　服装标签收集登记表

服装品名	原料名称	洗涤维护符号

思考与练习

以正确的顺序分别写出双绉衬衫和粗花呢大衣的洗涤维护符号。

双绉衬衫：_____　_____　_____　_____

粗花呢大衣：_____　_____　_____　_____　_____

主要参考书目

［1］朱焕良、许先智编著. 服装材料. 北京：中国纺织出版社,2002.

［2］杨乐芳主编. 产业化新型纺织材料. 上海：东华大学出版社,2012.

［3］孔繁薏、姬生力主编. 中国服装辅料大全. 2 版. 北京：中国纺织出版社,2008.